毛乌素沙地
主要河湖健康状况评估

鹿海员 郑和祥 佟长福 王军 曹雪松 等 著

中国水利水电出版社
www.waterpub.com.cn
·北京·

内 容 提 要

本书针对毛乌素沙地区域内无定河水系和红碱淖水系主要河湖实际情况及特点，从"盆"、"水"、生物、社会服务功能4个方面构建河湖健康状况评价指标体系，提出评价指标计算方法及评价标准。根据评价指标开展调查监测，依据调查资料和实际监测数据分析计算毛乌素沙地主要河湖健康评估指标得分及赋分情况，提出主要河湖健康状况水平；结合河湖实际情况，分析影响毛乌素沙地主要河湖健康的主要因素及其正在面临的问题，提出毛乌素沙地主要河湖健康的适应性管理目标与保护对策。

图书在版编目（CIP）数据

毛乌素沙地主要河湖健康状况评估 / 鹿海员等著.
北京 : 中国水利水电出版社，2024. 8. -- ISBN 978-7
-5226-2730-4
Ⅰ．X824
中国国家版本馆CIP数据核字第2024Q7U509号

书　　　名	**毛乌素沙地主要河湖健康状况评估** MAOWUSU SHADI ZHUYAO HEHU JIANKANG ZHUANGKUANG PINGGU
作　　　者	鹿海员　郑和祥　佟长福　王 军　曹雪松　等 著
出 版 发 行	中国水利水电出版社 （北京市海淀区玉渊潭南路 1 号 D 座　100038） 网址：www. waterpub. com. cn E - mail：sales@mwr. gov. cn 电话：（010）68545888（营销中心）
经　　　售	北京科水图书销售有限公司 电话：（010）68545874、63202643 全国各地新华书店和相关出版物销售网点
排　　　版	中国水利水电出版社微机排版中心
印　　　刷	天津嘉恒印务有限公司
规　　　格	184mm×260mm　16 开本　8.5 印张　202 千字
版　　　次	2024 年 8 月第 1 版　2024 年 8 月第 1 次印刷
印　　　数	001—800 册
定　　　价	**80.00 元**

前　言

河湖水系是地表水资源的主要载体。由河湖水系所支撑的河湖生态系统，是地表最富生产力和生物多样性最为丰富的生态系统类型之一，是维系生态系统健康的重要因子，具有巨大的生态服务功能，也是哺育人类历史文明的摇篮。随着经济社会的发展，在全球气候变化的大背景下，人类过度开发河湖水资源并大面积占用水生态空间，致使河湖生态环境受到严重影响，河流生态环境恶化、水体自净能力降低、河流水量减少、水污染严重、河床淤积、生物多样性锐减、湖泊富营养化、河湖生境退化、地下水位下降等生态问题逐渐浮出水面。如何有效解决"保护河湖的生态多样性以及维持河湖生态系统健康"问题是当前人类社会需要思考并付诸行动的重要课题，将对流域乃至全国生态安全以及人类社会的可持续发展有着深远的影响。

我国江河湖泊众多、水系发达，流域面积 $50km^2$ 以上的河流共 45203 条，总长度达 150 万 km，常年水面面积 $1km^2$ 以上的天然湖泊 2865 个，湖泊水面总面积 7.8 万 km^2。加强河湖管理保护，维护河湖健康生命，保障河湖功能永续利用，是践行习近平生态文明思想的根本要求，也是保障我国水安全的根本举措。毛乌素沙地是中国四大沙地之一，位于鄂尔多斯高原向陕北高原过渡的地带，面积达 4.22 万 km^2，包括内蒙古自治区鄂尔多斯的南部、陕西省榆林市的北部风沙区和宁夏回族自治区盐池县的东北部，其中内蒙古大约占其面积的 80%，陕西大约占 15%，宁夏大约占 5%。毛乌素沙地内河湖众多，这些河湖对毛乌素沙地的生态状况起着决定性的作用。自 2021 年起，依托内蒙古自治区"科技兴蒙"行动重点专项"创建鄂尔多斯国家可持续发展议程创新示范区项目——基于生态安全的毛乌素沙地水资源集约高效利用技术与示范"项目，以及鄂尔多斯市级河湖健康评价、乌审旗 2021 年河湖健康评价、乌审旗 2023 年河湖健康评价、伊金霍洛旗 2022 年河湖健康评价、伊金霍洛旗 2023 年健康评价等工作的支撑：对毛乌素沙地鄂尔多斯境内无定河、海流兔河、纳林河、白河、红碱淖、马奶湖、哈达图淖、光明淖、哈塔兔淖、神海子 10 个河湖进行健康状况评估，构建了适应毛乌素沙地的河流健康评价指标体系和湖泊健康评价指标体系，提出了各评价指标的计算方法与评估标准，对评价指标开展现场调查与监测，评估了 10 个河湖的健康状况，根据评价结果分析河湖存在的问题，并有针对性地提出了保护措施与建议。

本书共分 6 章，第 1 章综述了开展河湖健康评估的背景、国内外研究现状及发展趋势；第 2 章介绍了毛乌素沙地整体情况及主要评价河湖的基本情况；第 3 章针对评价河湖特征制定了分段（区）方案，构建了评价河流和湖泊的健康评价指标体系，并介绍了指标计算方法与评价标准；第 4 章针对构建的评价指标体系制定调查监测方案，提出评价指标调查与监测结果；第 5 章介绍了健康评估计算方法与标准，开发了河湖健康评估计算软件，分析了主要河湖的健康评估结果；第 6 章根据评价结果提出评价河湖存在的问题与保护建议。

具体编写分工为：鹿海员负责全书的内容研究与统稿工作；第 1 章由曹雪松、鹿海员和王军负责编写；第 2 章由鹿海员、戈向阳、孙立新、聂东升负责编写；第 3 章由郑和祥、佟长福、王军、曹雪松负责研究与撰写；第 4 章由鹿海员、苗平、赵越、渠晓东、杜龙飞、马红丽、孙海军和王军负责研究与撰写；第 5 章由佟长福、鹿海员、任杰、李泽坤、秦子元和王军负责研究与撰写；第 6 章由郑和祥、鹿海员、白巴特尔、郑和祥、王军和全强负责撰写。同时，感谢乌审旗水利局高海波和道格特奇、伊金霍洛旗袁宝华、鄂托克前旗水利局杨波和莫日根等人员在河湖现场调查中给予了极大支持，感谢本书所引用参考文献作者们的大量工作！

在本书撰写过程中，得到了水利部牧区水利科学研究所、中国水利水电科学研究院内蒙古阴山北麓草原生态水文国家野外科学观测研究站领导和科研工作者的支持；同时感谢鄂尔多斯市水利局、鄂尔多斯市河湖保护中心、鄂尔多斯市水旱灾害防御技术中心、伊金霍洛旗水利局、乌审旗水利局、鄂托克前旗水利局的领导及相关工作人员在野外调研、数据监测、资料收集等方面的支持与配合。

由于时间和水平有限，书中难免存在疏漏之处，恳请读者批评指正！

作者
2024 年 6 月于呼和浩特

目 录

第1章

绪　论

1.1　研究背景及意义

河湖水系是地表水资源的主要载体，是维系生态系统健康的重要因子，也是哺育人类历史文明的摇篮。从古至今，伟大的文明多发源于河流两岸，依水而居的自然模式一直没有改变。尼罗河年度周期性的河水涨退不但使其所在峡谷成为著名的粮仓，还为埃及文明复兴提供保证；底格里斯河和幼发拉底河是古巴比伦王国国泰民安的基础；我国的长江、黄河也以其生命之流哺育了华夏民族的成长。纵观历史，没有河流，就不可能诞生人类文明。伴随着城市化进程的深入，世界重要河流都遭受了不同程度的干扰与损害，河湖水环境受人为活动影响尤为突出，水生环境退化、水质恶化、形态、结构、水文条件变化、生境退化以及重要或敏感水生生物消失等已经成为我们亟须解决的问题。有效保护、合理利用水资源，为子孙后代留下健康的河湖，不仅关系到水资源的可持续利用，也关系到流域乃至全国整体生态安全和经济社会的可持续发展，具有十分重要的战略意义。

随着水资源消耗性利用、水污染、水工程不合理调控等影响的加剧，世界各国的河湖生态系统都受到不同程度的干扰和损害，普遍出现水污染、水文条件恶化、形态结构破坏、生物多样性损害以及河湖生态功能退化等问题，严重影响经济社会的可持续发展。维持及恢复河湖健康逐步成为河湖管理的重要任务，并纳入到河湖保护管理实践。自20世纪90年代起，发达国家河流健康评价方法研究取得了重大进步，一些国家和地区制定了相应法规和技术规范，如美国《栖息地评估程序》《栖息地适宜性指数》《快速生物评估草案》《河流地貌指数方法》和《清洁水法》，欧盟《水框架指令》，英国环境署《河流栖息地调查方法》，澳大利亚《河流状况指数》，瑞典《岸边与河道环境细则》，南非《河流地貌指数方法》等。我国自1990年以来在河湖管理中开始重视生态保护和修复，河湖健康逐渐成为河湖管理的重要目标。进入21世纪，水利部及其流域机构应成为河流代言人的共识逐步形成，并先后提出了"维持黄河健康生命""维护健康长江，促进人水和谐""维护河流健康，建设绿色珠江""湿润海河、清洁海河"等管理目标。自2010年以来，国家更加重视河湖生态保护，有关河湖生态保护与修复的重要政策、制度及意见明确要求定期开展河湖健康评估工作。2016年11月、2017年12月，以习近平同志为核心的党中央相继作出全面推行河长制湖长制重大改革部署，中央办公厅、国务院办公厅相继印发《关于全面推行河长制的意见》和《关于在湖泊推行湖长制的指导意见》，强调坚持"节水优先、空间均衡、系统治理、两手发力"的治水思路，以保护水资源、防治水污染、改善水环境、修复水生态为主要任务，在全国江河湖泊全面推行河长制、湖长制，构建责任明确、协调有序、监管严格、保护有力的河湖管理保护机制，为维护河湖健康生命、实现河湖功能永续利用提供制度保障。2016 年 1 月、2018 年 4 月，习近平总书记先后两次考察长江并主持召开深入推动长江经济带发展座谈会，指示当前和今后相当长一个时期要把修复长江生态环境摆在压倒性位置，强调要共抓大保护、不搞大开发；2019 年 9 月，习近平总书记考察黄河并主持召开黄河生态保护和高质量发展座谈会，强调要共同抓好大保护、协同推进大治理，发出"让黄河成为造福人民的幸福河"的伟大号召。水利部自 2010 年起组织开展全国重要河湖健康评估试点工作，中国水利水电科学研究院作为全国河湖健康评估技术工作组，研究制定了指导试点用的《全国河流健康评估指标、标准与方法》及《全国湖泊健康评估指标、标准与方法》，与 7 个流域机构，于 2010—2013 年完成了 13 个河（湖、库）的健康评估试点，对河湖健康评估指标、标准与方法进行了全面检验。在系统总结试点工作基础上，于 2014—2016 年又完成了 23 个河（湖、库）的健康评估。2020 年中国水利水电科学研究院主编了《河湖健康评估技术导则》（SL/T 793—2020）、南京水利科学研究院主编了《河湖健康评价指南（试行）》（第 43 号），为各地开展河湖健康评价工作提供了指导依据。河湖健康评价是河湖管理的重要内容，是检验河长制湖长制"有名""有实"的重要手段、科学辨识河湖生态问题及变化趋势的基本途径、推进河长制湖长制的重要任务，建立科学合理的河湖健康评估技术体系具有十分重要的意义。

毛乌素沙地河湖众多，近年来随着地下水水位下降等因素，境内湖泊出现萎缩，河流季节性断流等现象，系统评估主要河流、湖泊的健康状况，分析河湖健康存在的问题和河湖健康的主要影响因素，建立河湖健康档案，对后续开展有针对性的河湖管理、保护与修复至关重要，对保障区域生态安全具有指导意义。

1.2 国内外研究进展

1.2.1 河湖健康概念

1972 年，美国颁布的《清洁水法》中首次提出了河流健康的概念，自此后不断有学者对其进行补充。该法案认为，保持河流健康是维持和恢复水体的物理、化学和生物完整性的目标。通过掌握这三者的完整性，可以反映水体的自然结构和生态功能状态良好。早期的学者们认为保证河流的生态完整性就是保证河流健康。到了 1991 年，Karr 提出河流健康等价于河流生态完整，注重河流生态系统的功能和结构。1995 年，Karr 补充说明遭到破坏后的河流生态，只要其现在与将来的生态功能不退化，且不影响其他与之关联的系统功能，那么仍可判定该河流是健康的。次年，Schofield 和 Scrimgeour 强调河流生态系统的自然属性，主张不受人扰动的原始河流生态可为同类河流提供健康参考标准。Simpson 把未受人为干扰的初始状态河流定义为健康的。Meyer 将社会价值引入河流健康，即不仅有完整生态系统，还要兼具人类的服务功能。Fairweather 认为河流健康不仅囊括活力、生命力、结构功能未受损害及其他表述健康的状态，还应包含人们对河流的环境期望。Richard 表明了以河流社会系统判定河流健康取决于其生态功能与人类所需的经济价值。Norris 虽然未对河流健康进行明确定义，但指出了河流健康评估的指标与方法同样不容忽视。Ladson 认为河流健康是在河流管理过程中出现的概念，所以应思考建立河流或流域范围内的衡量基准。Vugteveen 在 2006 年提出河流健康是考虑到人类社会、经济需求等，河流与其组织结构相对应的支撑其生态功能的能力的一种状态。

　　我国关于河湖的研究开始较晚。在 1900 年人们对河流的管理工作中逐步意识到河流保护与修复的重要性。2002 年，唐涛等率先对河流健康做出研究，并呼吁学者们重视河流健康问题。在此之后，不断有学者对河流健康的内涵提出自己的理解。李国英在黄河治理会议上指出维护黄河的生命功能就是维持黄河健康。刘恒等认为从水、土、植物、功能 4 个基本范畴可以评判河流健康，并强调研究河流健康问题要从流域实际情况出发，制定衡量标准。赵彦伟等认为河流的生态功能完整性与其服务功能并不是完全割裂的，河流的生态完整性良好，并持续服务人类社会的河流是健康的。董哲仁则提出河流健康并不是严格意义上的科学概念，而是一种河流管理的评估工具。杨文慧提出研究河流健康要包含 3 个方面，即河床演变、河流的自然生态功能和河流的社会服务功能；孙雪岚认为河流结构完整、有维持自身与更新的能力，满足社会发展需求的河流是健康的。吴阿娜定义河流健康，即系统状态完好，符合河流基准状态，满足管理目标，生态功能运行正常，可提供所需社会服务；何兴军等表示健康的河流不仅要有生态系统的完整性，还能为人类社会提供服务。冯文娟等提出基于自然和社会双重属性下的河流健康，指既要有稳定的生态结构，又能为社会可持续发展提供支持；高凡从研究对象和参考标准出发，定义河流健康为能够持续为人类提供社会服务，实现综合价值的最大化。总之，国内学者基本认同河流健康涵盖生态系统的自然属性与人类发展的社会属性。

1.2.2　河湖健康评估指标体系

　　随着国际社会对河湖健康的日趋重视和河湖健康概念的不断发展，许多学者提出了很多各具特色的河湖健康评价理论，并对各自理论进行了案例分析评价。Ladson 提出了河流状况指数评价指标体系，该体系从水文学（基于河流湖泊自然条件、流量和季节性变化）、物理形态（基于河湖堤岸稳定性、河床侵蚀度、人工障碍）、沿河区域状况（根据植物类型、河岸植被的空间范围宽度和完整性、过渡带物种，以及湿地和洼地的状况）、河湖水质（基于水质磷，浊度，电导率和 pH 值的评估）、水生生物（大型无脊椎动物的种类数量）等 5 方面建立评价指标。Moslem Sharifinia 基于大型无脊椎动物组合的营养硅藻指数评价了沙鲁德河的生态健康状况。J. Aazami 利用水生大型无脊椎动物指数，对伊朗格列斯坦省穆罕默德-阿巴德河进行了健康评价。M. Bora 利用水质指数评价体系对印度阿萨姆邦那冈地区的科隆河进行了评价，分析了柯龙河的季节性水质状况。Singh P. K 提出了河湖健康指数，该指数回顾和总结了生态健康指数、生态质量指数、总体污染指数和河流污染指数，并结合河流水的常规理化特征来定义 RHI 河流健康指数。

　　建立完备的评价指标体系对河流评价来说是必不可少的，对此，我国学者探索至今。彭文启从自然生态状况、可持续的社会服务功能两个方面构建了包括水文水资源、河湖物理形态、水质、水生生物及河湖社会服务功能 5 个层次的健康评估指标体系，对全国 36 个河湖（库）水体进行了河湖健康评估。同时，鉴于我国河湖生态系统多样，区域差异明显，提出全国河湖健康评估在全国规定统一评价指标基础上，可增设自选指标。左其亭、陈豪等学者采用频度统计法以及相关性分析法对河流评价指标进行筛选，并采用熵权法确定指标权重，从水体理化指标、水文指标、生物指标、连通性指标、河岸栖息地环境指标构建了淮河中游河流生态健康评价指标体系和健康评价标准体系。吕爽、齐青青等学者基于突变理论选取河流水资源、水质、水系结构、水生态以及水系利用与管理等 5 方面 20 个指标，建立了郑州市河流生态健康评价指标体系。与传统评价方法相比，突变理论可削弱确定指标权重所带来的主观性，可以对城市河流生态健康状况做出科学合理的评价，评价结果科学合理，开拓了城市河流生态健康评价方法与思路。孔令健、章启兵等学者利用层次分析法，建立了准则层包括水文完整性、物理结构完整性、水化学完整性、生物完整性和服务功能完整性 5 个方面，指标层包括流量过程变异性、生态流量保障程度等 13 项指标的评价体系，并以清流河作为研究对象进行了评价，指出了清流河健康所面临的主要问题，提出了河流向良性发展的方向。黄旭蕾、李天宏、蒋晓辉等学者应用大型底栖动物指数评价河流水质，基于黄河干流 1980 年和 2008 年生态调查数据，应用 Shannon - Wiener 多样性指数、Margalef 多样性指数、Simpson 多样性指数、Pielou 均匀度指数、BMWP 指数、ASPT 指数、Goodnight - Whitley 修正指数 GBI、FBI（Family Biotic Index）指数和 BPI（Pollution Biotic Index）指数对黄河水质进行了评价。2020 年我国发布了《河湖健康评估技术导则》（SL/T 793—2020），从"盆"、"水"、生物、社会服务功能 4 个方面，通过对水文、水质、动植物、堤防岸线等要素的调查，综合评估河湖生态系统状况。2020 年 8 月，水利部印发《河湖健康评价指南（试行）》，进一步简化了河湖健康评价指标体系，用于指导各地河湖健康评价实践；2023 年水利部印发《水利部河湖管理司关于进一步明确河湖健康评价有关事项的通知》，将评价河流划分为 A、B、C 类河湖，针对不同类别河湖制定不同的评价指标体系。

1.2.3 河湖健康评估方法

当前，河流健康评价可分为两大类，即预测模型法和多指标综合评价法。预测模型法最先由国外学者提出，其原理就是通过比较河流实际的物种组成与河流理想状态下（无人为干扰或干扰后影响可忽略不计）可能存在的物种组成来判定河流健康程度。最为典型的是 Wright 提出 RIVPACS 法，即依据区域特性模拟自然状态下河流中存在的大型无脊椎动物数量，并对比该值与实际监测值，由此评价河流状况。Simpson 和 Norris 提出 USRIVAS 法，改进 RIVPACS 法的数据收集与评价机制，使该法适用于澳大利亚的河流。尽管预测模型法易于操作，却存在明显的局限，即河流的变化往往会导致多种物种变化，而仅以单一物种变化反映河流状况，无法保证河流的变化恰好反映到所选物种上，可能无法准确评价河流健康，故该法仍有改进的空间。目前，更多的学者倾向于采用多指标综合评价来确定河流健康状况。该方法通过事先确定评价标准，再将河流的化学、生物、物理结构等与标准进行比较并打分，最后把各项得分累加，得到河流健康评价结果。典型代表有Karr 的 IBI 法，包括鱼类丰富度、营养类型等在内 12 项指标评价河流。Petersen 的 RCE清单，在构建评价体系的基础上，划定 5 个健康等级。南非的 Rowntree 以无脊椎动物、鱼类、河岸植被、生境完整性、水质、水文、形态等 7 类指标，提出 RHP 法来评价河流健康状况。Raven 提出用河道、沉积物特征、植被类型、河岸侵蚀、河岸带特征、土地利用等评估河流生境的 RHS。Ladson 提出构建基于水文学、形态特征、河岸带状况、水质及水生生物方面的 ISC 法。

我国当前对河流治理仍处于水质恢复阶段，针对河流评价采用的指标也逐渐从单一的理化指标转变为考虑生物、物理结构、环境等多方面因素。龙笛等在 2006 年构建了基于"自然条件限制因子-流域生态健康指示因子-人类活动影响因子"的评价体系，在流域尺度下评价滦河与北四河的生态系统状况。王备新等应用 B-IBI 法对安徽黄山地区河流状况进行初步了解。郑海涛在怒江贡山、福贡、六库和保山 4 个江段使用 F-IBI 法进行了研究。国内学者采用模糊数学法、层次分析法等多种模型方法研究河流健康。李文君等利用水量、水质、生物状况、水体连通性、防洪标准等要素构建评价体系，建立基于集对分析与可变模糊集的评价新方法，并在北运河进行运用。杨哲等从环境特征、生态特征、灾害调节能力、河流管理能力、供水能力 5 个方面构建指标体系，并采用灰色聚类-SPA 耦合的河流评价模型。傅春基于层次分析法对抚河抚州段进行了河流健康综合评价研究。侯佳明、胡鹏等提出了基于模糊可变模型的城市河流健康评价方法，并应用于秦淮河实例研究。

1.3 研究内容

（1）根据河湖健康的定义及相关的河湖健康评估理论研究成果，结合毛乌素沙地主要河湖的实际状况，构建适宜的健康评估指标体系，并阐述各评价指标的计算方法及评估标准；查阅相关文献及向相关专家咨询，确定主要河湖各段（区）健康评估体系及指标准则层与指标层权重。

（2）按照建立的评价指标体系，制定评价指标调查监测方案，开展相关资料收集及调查监测工作，依据调查监测资料与数据分析结果计算毛乌素沙地主要河湖各段（区）健康评价指标得分与赋分情况，结合各段（区）健康评价指标准则层与指标层权重，计算毛乌素沙地主要河湖各段（区）健康评价最终得分及健康水平。

（3）依据河湖健康评估结果，分析指出影响河湖健康的主要因素及其正面临的河湖问题，寻找河湖健康不健康的主要表征；根据诊断出的毛乌素沙地区域主要河湖健康问题，探求导致河湖不健康的原因，并结合实际情况，提出毛乌素沙地主要河湖健康的适应性管理目标与保护对策。

1.4 技术路线

（1）技术准备。开展资料、数据收集与踏勘，掌握评价河湖基本情况，重点收集评价河湖水功能区划分、水文站、水质监测断面、水利工程建设及供用水情况、岸线划定、防洪工程建设、排污口及河湖"四乱"状况等资料，为筛选评价指标构建毛乌素沙地河湖健康评价指标体系、划分评价河流分段、湖泊分区及制定具体监测工作方案奠定基础。

（2）制定评价河流分段和湖泊分区方案。根据《河湖健康评价指南》（试行）和《河湖健康评估技术导则》（SL/T 793—2020）要求，制定毛乌素沙地河湖分段（区）方案。

（3）构建河湖健康评价指标体系。针对毛乌素沙地河流和湖泊特点，确定适宜的毛乌素沙地河流和湖泊健康评价指标。

（4）确定调查监测方案：针对毛乌素沙地河湖评价指标，制定专项调查监测方案与技术细则。

（5）调查监测。根据确定的调查监测方案，开展河湖"盆"、"水"、生物、社会服务功能情况实地的调查与监测。

（6）健康状况评估。系统整理调查与监测数据，对河湖健康评价指标进行计算赋分，评价河湖健康状况，分析存在问题及提出保护对策。

毛乌素沙地主要河湖健康状况评估总体技术路线如图1.4-1所示。

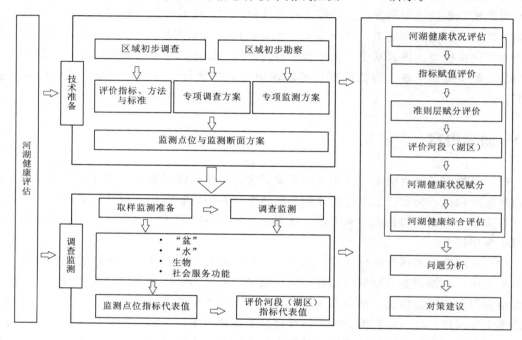

图 1.4-1　河湖健康状况评估技术路线图

第 2 章

研究区概况

2.1 自然概况

2.1.1 地理位置

毛乌素沙地是中国四大沙地之一，地处鄂尔多斯高原向陕北高原过渡的地带，面积达 4.22 万 km^2，处于北纬 $37°27.5'\sim39°22.5'$，东经 $107°20'\sim111°30'$，包括内蒙古自治区的鄂尔多斯南部、陕西省榆林市的北部风沙区和宁夏回族自治区盐池县东北部，其中内蒙古大约占其面积的 80%，陕西大约占 15%，宁夏约占 5%。鄂尔多斯市毛乌素沙地分布如图 2.1-1 所示。

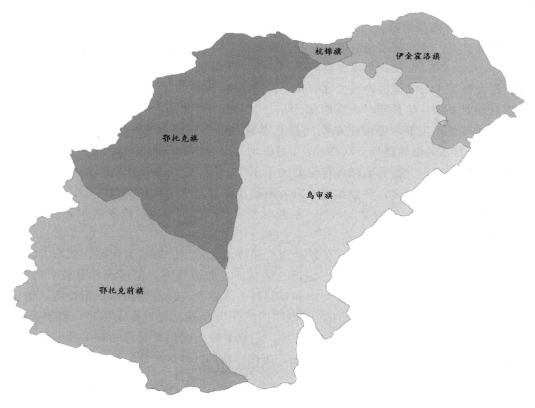

图 2.1-1 鄂尔多斯市毛乌素沙地分布图

2.1.2 地形地貌

毛乌素沙地处于黄河"几"字湾的南边，北部与库布齐沙漠相隔东胜梁地，南邻黄土高原，西部逐渐向相对平缓的西鄂尔多斯高原过渡，东部以沟壑纵深的砒砂岩丘陵区闻名。自西北向东南倾斜，西北部地形主要是起伏的丘陵、梁地、平缓的洪积-冲积台地与宽阔的谷地或滩地，在台地和滩地上大部分覆盖着不同流动或固定程度的沙丘与沙地，沙丘高度一般为5～10m。海拔多为1100～1300m，西北部为1400～1500m，东南部河谷低至950m。北部为黄河的冲积平原，地势低平，为鄂尔多斯市的主要农业区；东部和南部则逐渐过渡为黄土丘陵与低山；沙地西北方有高大流动沙丘与沙山形成的库布齐沙漠，生态条件更为严酷。

2.1.3 水文气象

毛乌素沙地是一个草原气候条件下的沙地，位于我国季风气候的西陲，处于荒漠草原—草原—森林草原的过渡地带，属于典型干旱半干旱地区，其气候特点是春季干旱多风少雨，夏季炎热、降水分布相对集中，秋季降温迅速、降雨较多，冬季干燥寒冷。

年均降水量约350mm，7—9月集中全年降雨的60%～70%，常以暴雨形式呈现，最大日降雨量可达100～200mm。年变率大，一般多雨年可为少雨年的2～3倍，雨年的年平均降水量能超500mm，约是正常年的1.5倍，少雨年的年降水量低至200mm，仅是正常年的67%，降雨量由西北向东南递增的趋势。

年蒸发量大，其与降雨量空间变化呈相反趋势，自西北向东南地区逐渐增多，年平均蒸发量为1606～3240mm，为降水量的5～10倍，蒸发量与气温呈正相关关系，年内与年际变化很大程度上与气温的冷暖变化有关，夏季高冬季低。

辐射相对丰富，年日照时数东南部2800～2900h，西北部为3000～3100h，在纬度和海拔增高的双重作用下，温度由东南向西北递减，年均气温为6～9℃。1月平均气温为−12.0～9.5℃，最低气温为−16.9℃，7月平均气温为22.0～24.0℃，最高气温28.1℃。年内温度变化较大，大部分区域昼夜温差大于20℃。

毛乌素沙地风大且多，冬季和春季风力强劲且多发，西北风在区内盛行，其他风向相对较少，多年平均风速2.1～3.3m/s，年平均大风日数10～40d，最多达95d。全年大风主要发生于3—5月。

毛乌素沙地特殊的土壤基质，使沙地内丘间洼地常常形成湖泡和河溪，湖泊大约数百个，大小河流合计100余条，其中无定河、纳林河、海流兔河、白河等算是较大的河流，其他河流为季节性河流，河水流量年内和年际间差异较大。沙地湖面面积不稳定，由于气候干旱和蒸发强烈的特殊气候条件，大多湖泊矿化为盐碱湖。近几十年来，特别是2000年以后，受气候变化和人类活动的双重影响，毛乌素沙地湖泊数量与面积呈萎缩趋势。在滩地浅层地下水位主要分布在0.5～1.5m，而在沙地部分地区可达几十米深。

2.1.4 土壤植被

毛乌素沙地处于几个自然地带的交接地段，植被和土壤反映出过渡性特点。向西北过渡为棕钙土半荒漠地带外，西南到盐池一带过渡为灰钙土半荒漠地带，向东南过渡为黄土高原暖温带灰褐土森林草原地带。

毛乌素沙地土壤主要为风沙土，但由于流动、半固定和固定沙地以及丘间低地植被类型及土壤含水量不同，发育了不同的土壤类型。流动和半固定沙地多为非地带性的风沙土；而固定沙地土壤发育良好，具有地带性土壤特征，多为栗钙土，主要分布在梁地；丘间低地常发育草甸土、盐碱土和沼泽土等。该地区土壤养分含量整体相对较低，结构疏松且保水保肥能力较差，容易引起风沙。

土地利用类型较复杂，不同利用方式常交错分布在一起。农林牧用地的交错分布自东南向西北呈明显地域差异，东南部自然条件较优越，人为破坏严重，流沙比重大；西北部除有流沙分布外，还有成片的半固定、固定沙地分布。

由于沙丘分布广泛，植被主要由沙生植被组成。固定沙丘的主要植被类型包括本氏针茅典型草原、黑沙蒿沙地半灌木、小叶锦鸡儿灌木群落以及沙蒿与锦鸡儿复合群落，局部有发育良好的沙地柏（臭柏）灌木群落；半固定沙丘主要植被类型为黑沙蒿、沙柳群落；流动沙丘植被稀少，以沙米、软毛虫实等一年生植物群落为主。丘间还分布有低湿地和浅湖泊，低湿地植被包括草甸植被和以芨芨草、马蔺等为主的盐化草甸。近年来，毛乌素沙地营建了大量的人工植被，以小叶杨、中间锦鸡儿、塔落岩黄芪、紫穗槐以及油松、樟子松等为主。

2.2 主要河湖基本情况

选取毛乌素沙地最大的河流无定河（鄂尔多斯段）及其主要支流海流兔河、纳林河、白河为典型河流，选取毛乌素沙地最大的湖泊红碱淖及由尔力湖沟串联的马奶湖、哈达图淖、光明淖、哈塔兔淖、神海子作为典型湖泊，分析毛乌素沙地主要河湖健康状况。评价河湖位置详见图2.2-1。

2.2.1 无定河

1. 河流水系

无定河发源于陕西省定边县学庄乡桃树梁村，自河源流向东北，经鄂托克前旗进入鄂尔多斯市，继续向东北流经巴图湾水库，在乌审旗奶妈地湾进入陕西省靖边县，在靖边县内流约5km至白城子再次进入乌审旗，最后在乌审旗庙畔（新桥湾）出境，再进入陕西省横山县。无定河上游称红柳河，流入乌审旗后称为无定河，流域面积为30261km²，干流全长491km。河道按其自然形态分为3段；从河源至鱼河镇（榆溪河汇入口）为上游，河流缓急相间，宽谷与峡谷毗连，河道长291km，平均比降2.8‰；鱼河镇至崔家湾为中游，河道顺直开阔，河道长108km，平均比降1.4‰；崔家湾以下为下游，为峡谷段，河道长92km，平均比降2‰。

鄂尔多斯市无定河位于上游河段，流经鄂托克前旗、乌审旗两个旗区，其中鄂尔多斯市境内流域面积为8402km²，河道长106km。河道比降1.87‰。鄂尔多斯市无定河流域两岸沟道发育，流域面积在40km²以上的支流12条。

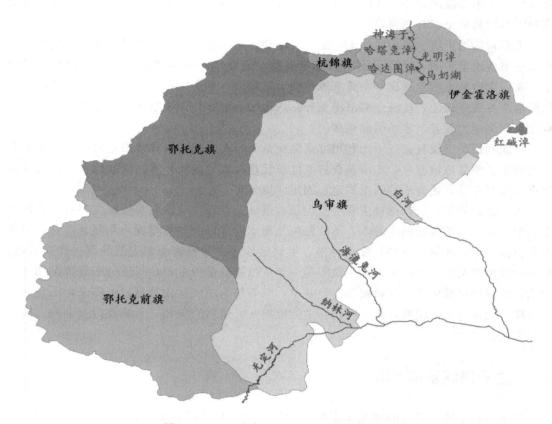

图 2.2-1　毛乌素沙地健康评价河湖位置图

2. 自然状况

无定河流域位于黄土高原北部，毛乌素沙地南缘，地势西南高，东南低。流域按地形地貌特征可分为河源梁地区、风沙区和黄土丘陵沟壑区 3 种类型。流域西北高，东南低，以风沙区为主，无定河右岸零星分布黄土丘陵沟壑区。该区地表多为第四纪松散的粉砂、亚黏土、沙质黄土，基岩仅在局部河谷地段出露，海拔 1080～1460m，相对高差 30～50m。该区地势平坦，沙丘绵延，海子、滩地、沙丘交错分布，风蚀严重，水蚀较轻，地下水相对较丰富。风沙区土壤养分含量低，沙层深厚，支沟较少，河谷宽阔；可耕地面积较少，植被稀疏，多生长沙生植物。

3. 岸线划定与开发利用现状

根据《鄂尔多斯市级河流湖泊水域岸线利用规划》成果，无定河临水线长 215.52km，其中左岸长 111.59km，右岸长 103.93km；鄂托克前旗长 24.04km，乌审旗长 191.48km。外缘边界线长 210.77km，其中左岸长 109.58km，右岸长 101.19km；鄂托克前旗长 23.33m，乌审旗长 187.44km。

无定河水域岸线开发利用主要有引水工程和跨河建筑物，共计占用岸线长度 10.05km，岸线利用比例 4.81％。

4. 防洪工程现状

无定河现状防洪工程位于乌审旗境内，主要是 2017 年中小河流治理时修建。防洪工程为护岸工程，分布于蘑菇台段和张冯畔水库下游段，主要作用是调整水流流态，稳定岸坡，防止淘刷，保护耕地。工程长度 12.67km，其中，蘑菇台段护岸工程长 7.64km，张冯畔水库下游段护岸工程长 5.03km，防洪标准 10 年一遇，工程级别 5 级，边坡 1:1.5，工程顶宽 4.0m。

5. 水环境现状

无定河在大沟湾、巴图湾和大草湾均设有水质监测断面。根据 2021 年 1—12 月水质监测报告，采用全因子评价，水质均达标。无定河干流鄂尔多斯段未设水文站，在巴图湾水库入库和坝址设有流量监测站。

6. 水生态现状

无定河干流湿地主要为内蒙古萨拉乌苏国家湿地公园，该公园位于内蒙古自治区乌审旗无定河镇和苏力德苏木境内，规划面积 3000.4hm²，其中湿地有 1295.5hm²，占总面积的 43.2%。湿地主要由无定河流域河流湿地及巴图湾水库湖泊湿地组成。北靠广袤的毛乌素沙地，南接沟壑纵横的黄土丘陵，横亘在两大自然地理区的分界线上，南北景观迥异，森林、沙地和草地呈斑块状分布于公园水域两岸，是我国少有的沙漠大峡谷湿地。

2.2.2　海流兔河

海流兔河发源于鄂尔多斯市乌审旗嘎鲁图镇巴音温都尔嘎查，河源地理坐标：东经 108°49′46.4″，北纬 38°38′14.6″，河源高程 1320.90m。河流自河源向东南在乌审旗嘎鲁图镇王家峁处进入陕西省，跨界地理坐标：东经 109°00′29″，北纬 38°21′39″。继续向东南，在陕西省榆林市榆阳区红石桥乡柳卜台村从左岸汇入无定河，河口地理坐标：东经 109°11′49.7″，北纬 38°2′29.9″，河口高程 1016.50m。河长 86km，流域面积 2038km²，其中内蒙古境内河长 40.5km，流域面积 1174.3km²；陕西省境内河长 45.5km，流域面积 845.7km²。河道平均比降为 3.65‰。海流兔河上游窄、中游宽、下游为峡谷，沟谷两岸不对称，右岸多呈陡坎，左岸为斜坡、阶梯。行洪河道仅 10～15m，漫滩与河床多以陡坎衔接，高 0.5～1.0m，漫滩与阶地改造为灌溉农田。负家湾水库坝址以上流域面积 1594km²，其中团结水库坝址以上控制流域面积 1519km²，负家湾水库坝址到团结水库坝址区间面积为 75km²。韩家峁站是海流图河汇入无定河的控制水文站，韩家峁站控制流域面积为 2452km²。

2.2.3　纳林河

纳林河发源于乌审旗苏力德苏木呼和芒哈嘎查哈拉图，河源地理坐标：东经 108°29′31.5″，北纬 38°25′54.4″，河源高程 1309.10m。河流自河源向东南在乌审旗无定河镇水清湾村从左岸汇入无定河，河口地理坐标：东经 109°1′36.3″，北纬 38°1′18.2″，河口高程 1080.00m。河长 74km，流域面积 1753km²，河道平均比降 3.23‰。流域内为毛乌素沙漠区，植被稀少，属于半固定的沙丘，由于沙漠对径流起调节作用，形成年径流分配比较均

11

匀、洪水小、含沙量低、基流大的特征。纳林河上游为滩地，地势平坦，河道较窄，中下游河谷明显变宽，河道下切较深。纳林河上建有陶利小（2）型水库、寨子梁小（1）型水库、排子湾小（1）型水库，坝体均为均质土坝，用于农业灌溉。节制闸 12 座。排子湾水库坝址以上流域面积 1844km²，寨子梁水库坝址以上流域面积 1664km²，陶利水库坝址以上流域面积 301km²。

2.2.4 白河

白河发源于乌审旗乌兰陶勒盖镇巴音敖包嘎查塔玛哈赖，河源地理坐标：东经 109°5′54.7″，北纬 38°50′29.2″，河源高程 1329.50m，是黄河的三级支流。河流自河源向东南在黄陶勒盖东南约 3.5km 进入陕西省榆林市榆阳区马合镇河口水库，跨界地理坐标：东经 109°19′55″，北纬 38°36′18″；继续向东南在陕西省榆林市榆阳区牛家梁镇转龙湾村从右岸汇入榆溪河，河口地理坐标：东经 109°39′41.8″，北纬 38°27′31.1″，河口高程 1119.10m。河流在乌审旗境内主河道长 25km，流域面积 1076km²。白河岸线左岸长度为 36.42km，右岸长度为 36.06km。岸线功能分区长度：保留区为 26.38km；控制利用区为 46.10km。涉河桥梁 19 座。

2.2.5 红碱淖

1. 湖泊水系

红碱淖，也称红碱淖尔、红碱淖海子，为闭流湖泊，属于陕西、内蒙古边界湖泊。位于陕西省神木县与内蒙古自治区伊金霍洛旗之间，处于黄土高原与内蒙古高原过渡地带、毛乌素沙漠与鄂尔多斯盆地交汇处。红碱淖是中国最大的沙漠湖泊，湖面形状为三角形，湖泊多年平均水面面积 41.4km²，湖泊中心位置为东经 109°5′35.85″、北纬 39°7′4″，平均水深 2.75m，最大水深 5.1m，湖岸线长 47.50km。沿岸有 7 条季节性河流注入，主要入湖河流为札萨克河、蟒盖兔河、七卜素河、松道沟等。

红碱淖鄂尔多斯境内部分位于红碱淖的西北部，多年平均水面面积 8.01km²，约占整个红碱淖的 1/5。主要入湖河流有札萨克河，松道沟、蟒盖兔河、木独石梨河发源于鄂尔多斯，后流经陕西汇入红碱淖。

2. 自然状况

红碱淖原是沙漠淡水湖，随着盐碱的积累，现水质已变为咸水湖泊。红碱淖东侧 5km 为天然的尔林兔草原，东西长 25km，南北宽 5km，西侧为葫芦素草原，水草丰盛，牛羊成群。南北两侧以沙丘滩地为主，有大面积绿化林带。红碱淖盛产淡水鱼类，有大银鱼、鲤鱼、鲢鱼、草鱼、鲫鱼等 10 余种。红碱淖的自然生态环境为候鸟提供了理想的栖息地，有 30 余种野生禽类在这里繁衍生息，有世界濒危物种、国家一级保护动物遗鸥和国家二类保护动物白天鹅一级鸭鹅、野鸭、鸳鸯等。

红碱淖流域平均降雨量 355.1mm，其中内蒙古多年平均降雨量 342.6mm。陕西多年平均降雨量 371.3mm；流域多年平均水面蒸发量 1309.7mm；多年平均水资源总量 10277.5 万 m³，其中内蒙古水资源总量 5588.4 万 m³；地表水资源总量 5447.8 万 m³。

3. 岸线划定及开发利用现状

根据《鄂尔多斯市级河流湖泊水域岸线利用规划》成果，红碱淖（鄂尔多斯境内）临水边界线长度为5.63km，外缘边界线为7.52km。红碱淖鄂尔多斯境内岸线范围不涉及河道两岸城镇建设、供排水工程、涉河建筑物、河道砂石场及煤矿等岸线利用。

4. 水环境现状

红碱淖鄂尔多斯境内未划定水功能区，未设置水文站及水质监测断面，无系列水文、水质及水生态监测等基础资料。红碱淖岸线范围内无地表水集中式饮用水水源地、农村饮用水水源地、自来水厂、企业自备水源等。

5. 水生态现状

红碱淖湖泊地处毛乌素沙地东部，属于典型的高原荒漠、半荒漠湿地生态系统，具有防沙降尘、改善局地气候、维持生物多样性等重要功能，是当地生态安全体系的重要组成部分，在维持区域生态环境平衡、维护毛乌素沙区生态安全等方面具有独特作用。红碱淖湖泊湿地包括湖泊水体、滩涂等，植被类型主要为沙生植物和水生草本植物，浮游底栖等水生生物相对丰富，繁殖鸟类以蒙古高原荒漠鸟类为主，目前是鄂尔多斯遗鸥种群的主要栖息繁殖地。

红碱淖周边为沙漠所包围，保持一定水面对生态恢复具有极大的价值，也能为区域开发利用创造条件。随着流域社会经济发展、能源不合理开发利用及气候变化等影响，红碱淖湖泊湿地水域面积总体上呈萎缩趋势，红碱淖湖泊湿地生态功能发挥受到威胁。根据《红碱淖流域水资源综合规划》中的相关分析，主要原因为经济社会用水增加、入湖河流蒸发、林草植被建设耗水量增加、气温升高导致陆面蒸发增加等多个方面。

经调查，红碱淖鄂尔多斯区域与红碱淖国家级自然保护区相邻，但境内不涉及自然保护区、水源涵养区、江河源头区等生态敏感区。

2.2.6 其他湖泊

马奶湖是中国沙漠淡水湖之一，有着悠久的历史，蒙古语为"其和淖"，意为"飘香的马奶湖"，属于库布齐沙漠与毛乌素沙漠中间的草原湿地湖泊，在"其和淖"的西侧和东侧分别建起"龙王庙"和"脑高布勒庙"（意为"绿泉庙"）。马奶湖也是百鸟栖息之地，白天鹅、黑天鹅、白鹭、鸳鸯等游弋在波浪如丝绸的湖面，时而跳跃时而欲飞。马奶湖有一小片水域常年不结冰，南来北往的候鸟因此停留下来在此过冬。良好的环境使得马奶湖成为了百鸟栖息之地，年迁徙候鸟10万只以上。在此停留的鸟类有白天鹅、黑天鹅、白鹭、鸳鸯等，湖区还成为了内蒙古最大的遗鸥繁殖基地。近几年，随着保护力度加大和生态环境改善，飞临伊金霍洛旗的候鸟越来越多。湖泊面积1.34km²，平均深度0.8m。

哈达图淖水面面积1.34km²，平均深度0.8m，蓄水量107.2万m³。属于蒙新高原区。一级流域为内流区诸河，二级流域为鄂尔多斯内流河。实施"东水西调"疏干水工程，输水线路自东向西全长42km，最终汇入哈达图淖湖。

光明淖水面面积1.75km²，哈塔兔淖水面面积1.47km²，神海子水面面积2.79km²。

第3章

河 湖 健 康 评 估 方 案

3.1 评价分段（区）方案

3.1.1 河流分段方案

河流健康评估范围横向分区包括河道水面及左右河岸带（图3.1-1）。

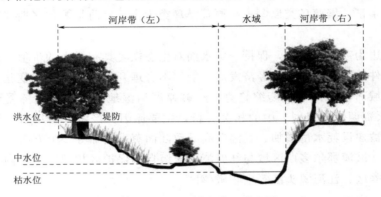

图3.1-1 河流横向分区示意图

河流评价单元的长度大于50km的，宜划分为多个评价河段；长度低于50km且河流上下游差异性不明显的河流（段），可只设置1个评价河段。河流分段应根据河流水文特征、河床及河滨带形态、水质状况、水生生物特征以及流域经济社会发展特征的相同性和差异性，同时以河长管辖段作为依据，沿河流纵向将河流分为若干评价河段。

评价河段按照以下方法确定。

（1）河道地貌形态变异点，可根据河流地貌形态差异性分段：

1）按河型分类分段，分为顺直型、弯曲型、分汊型、游荡型河段。

2）按照地形地貌分段，分为山区（包括高原）河段和平原河段。

（2）河流流域水文分区点，如河流上游、中游、下游等。

（3）水文及水力学状况变异点，如闸坝、大的支流汇入断面、大的支流分汊点、有水河段与无水河段交汇点。

（4）河岸邻近陆域土地利用状况差异分区点，如城市河段、乡村河段等。

根据评价河流实际情况，将无定河（鄂尔多斯段）划分为3个评价河段，海流兔河划分为 2 个评价河段，纳林河划分为 2 个评价河段，白河不划分评价河段，详细分段信息见表 3.1-1 和图 3.1-2。

表 3.1-1

河 流 分 段 信 息

河流名称	河段名称	起始坐标	终止坐标	河段长度/km
无定河	无定 1	E108.482°, N37.678°	E108.625°, N37.858°	52.6
	无定 2	E108.625°, N37.858°	E108.822°, N37.99°	34.8
	无定 3	E108.885°, N37.998°	E109.045°, N38.022°	18.6
海流兔河	海流兔 1	E108.830°, N38.637°	E108.986°, N38.382°	18.9
	海流兔 2	E108.986°, N38.382°	E109.008°, N38.361°	20.8
纳林河	纳林 1	E108.492°, N38.432°	E109.015°, N38.255°	48.0
	纳林 2	E109.015°, N38.255°	E109.027°, N38.022°	26.0

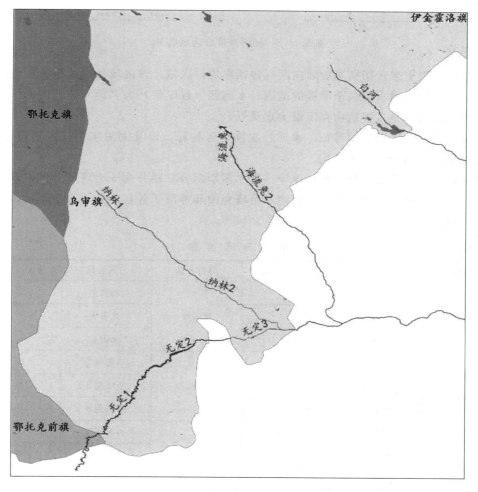

图 3.1-2 评价河流分段位置图

3.1.2 湖泊分区方案

湖泊健康评价岸带分区包括陆向区、消落区、水向区（图3.1-3）。

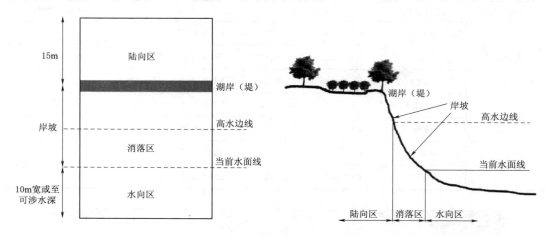

图3.1-3 湖泊岸带分区示意图

陆向区（岸上带）指湖岸堤陆向区（包括岸堤）区域，该区域外边线与管理范围外缘线重合；岸坡指当前水面线至岸堤的范围；水向区（近岸带）为当前水边线湖向区域，自水边线向水域延伸至有根植物存活最大水深处。

根据其水文、水动力学特征、水质、生物分区特征，以及湖泊水功能区划特征分区，同时考虑湖长管辖湖片作为依据。

根据评价湖泊实际情况，将红碱淖（鄂尔多斯部分）划分为3个评价分区，马奶湖划分为4个评价分区，哈达图淖、光明淖、哈塔兔淖和神海子各自划分为3个评价分区，详细分区信息见表3.1-2和图3.1-4～图3.1-9。

表3.1-2　　　　　　　　　　湖 泊 分 区 信 息

湖泊名称	分区名称	分区面积/km²	湖泊名称	分区名称	分区面积/km²
红碱淖	红碱1	1.2	光明淖	光明1	0.71
	红碱2	2.2		光明2	0.79
	红碱3	2.1		光明3	0.66
马奶湖	马奶1	1.07	哈塔兔淖	哈塔兔1	0.63
	马奶2	2.43		哈塔兔2	0.47
	马奶3	2.74		哈塔兔3	0.57
	马奶4	5.42	神海子	神海子1	1.16
哈达图淖	哈达图1	2.16		神海子2	0.88
	哈达图2	3.35		神海子3	0.83
	哈达图3	1.43			

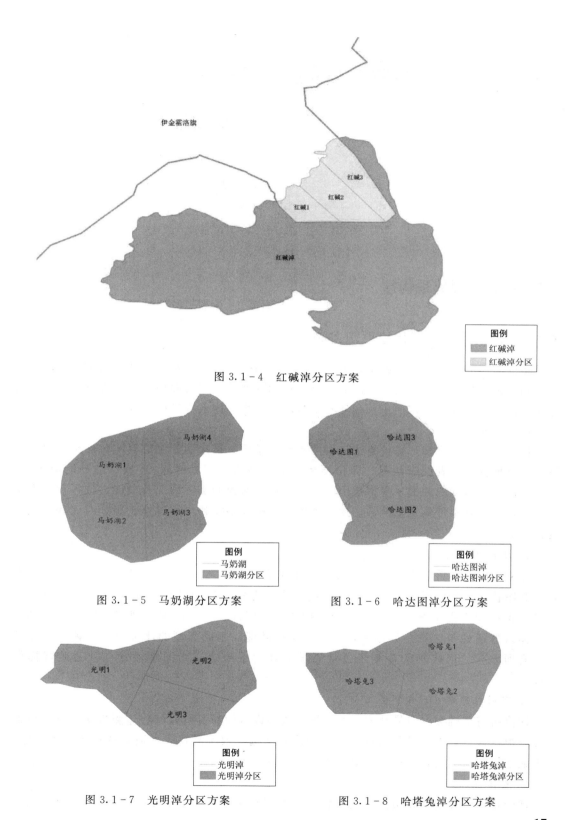

图 3.1-4 红碱淖分区方案

图 3.1-5 马奶湖分区方案

图 3.1-6 哈达图淖分区方案

图 3.1-7 光明淖分区方案

图 3.1-8 哈塔兔淖分区方案

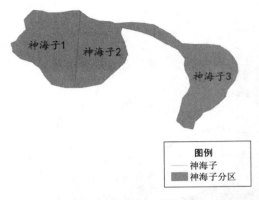

图 3.1-9 神海子分区方案

3.2 评估指标体系构建

3.2.1 评估指标体系构建原则方法

指标体系的构建是河湖健康评估的基础，评估指标的选取要能体现河湖功能和结构现状，同时体现当前人类活动对河湖的影响，指标数据的获取要简便，能够进行长期的动态监测并得到连续性结果，便于预测河湖发展趋势。指标体系构建遵循以下原则。

1. 科学性原则

评价指标设置合理，评价方法、程序正确，基础数据来源客观、真实，评价结果应准确、可靠地描述河湖健康状况。评价指标应清晰地指示河湖健康-环境压力的响应关系，可识别河湖健康状况并揭示受损成因。应根据评价对象的实际情况及功能，选择代表性指标进行评价。基本资料及监测数据来源准确，能够准确反映河湖健康状况随时间和空间的变化趋势。

2. 目的性原则

评价指标体系符合毛乌素沙地水情与河湖管理实际，评价成果能够帮助公众了解河湖真实健康状况，有效服务于河长制湖长制工作，为各级河长湖长及相关主管部门履行河湖管理保护职责提供参考。结合河湖管理要求开展评价，为河湖管理有效性评估提供支撑。体现普适性与区域差异性特点，对于不同功能、不同类型的评价对象，评价指标及赋分有所差异。形成兼顾专业与公众需求的评价成果表，为河湖监管与社会监督提供支撑。

3. 实用性原则

评价所需基础数据应易获取、可监测。指标设置简易可行，调查监测方法应具备可操作性。根据评价要求尽量利用现有资料和成果。选择效率高，成本适宜的调查监测方法。对于缺乏历史监测资料及难以获取的指标，予以适当精简。

4. 整体性原则

评价结果应反映河湖整体的健康状况。河湖健康评价原则上以整个河湖为评价单元，也可以通过分段（区）评价后，综合得出河湖的整体评价结果。当一个河湖跨越多个行政区时，可以各河湖长负责的河段（湖区）为评价单元。当一个评价单元分区开发利用任务明显不同时，根据开发任务的侧重点，通过分区评价后，综合得出评价单元的整体评价结果。

3.2.2 评价指标筛选原则

1. 独立性

初步搭建的体系若存在有一定相关性的指标，会导致指标呈现的信息部分重复或交叉，若含有相关性高的指标，则最终评价结果会失去客观性。因此，需要进行相关性分析后，删去明显相关的次要指标。

2. 灵敏性

灵敏性是指所选指标对系统的变化响应迅速，能快速且准确地反映河湖生态系统的细微环境变化。选取能够灵敏地反映水生态系统不同外界条件下变化状况的指标，对河湖的健康评估有着重大作用。

3.2.3 评价指标筛选

参照《河湖健康评估技术导则》（SL/T 793—2020）和《河湖健康评价指南（试行）》（2020），在系统总结国内外健康调查评估理论与方法，并合理吸收美国、澳大利亚、南非及欧盟相关工作经验基础上，建立了与流域水生态特点相适应、与河湖长制相结合、覆盖多类型水体的评价指标体系，包括"盆"、"水"、生物和社会服务功能 4 个方面。根据毛乌素沙地主要河湖实际情况提出河湖健康评估指标体系。

河湖健康评估指标体系分为目标层，准则层和指标层 3 级体系。

（1）目标层：指河湖健康的评价结果，反映河湖的整体健康状况，是河湖生态系统状况与社会服务功能状况的综合反映。

（2）准则层：主要包括"盆"、"水"（分为水量和水质）、生物和社会服务功能。

（3）指标层：是构建河湖健康评估体系的基本元素，是反映河湖健康的基本指标，通常根据所评价河湖的具体情况来确定。

1. "盆"准则层指标

（1）河流纵向连通指数。

河流纵向连通指数反映由于修筑堤坝、兴建水电站等活动导致的水流、水中营养物质以及水生生物的流动和迁徙受到阻隔的状况。结合毛乌素沙地河流的数据收集和实地考察，河流纵向连通指数是重要的影响河流健康的指标，将河流纵向连通指数作为评价河流健康的指标。

（2）湖泊面积萎缩比例。

湖泊面积萎缩比例一般指评价年份湖泊水面萎缩面积与历史参考年湖泊水面面积的比例，能够反映湖泊所在地地下水、水文气象等综合情况，因此把湖泊面积萎缩比例作为毛乌素沙地湖泊健康评价的指标。

19

（3）岸线自然状况。

岸线自然状况能够综合反映河流（湖泊）岸线发育及水土流失情况，因此将其作为毛乌素沙地河湖健康评价指标。

（4）违规开发利用水域岸线程度。

随着流域城镇化进程持续加快，流域河湖开发利用程度不断提高，涉水工程和建设项目日益增多。水域岸线的开发利用应规范化、常态化有效管理，开发利用不当则会影响河湖的正常功能。因此将违规开发利用水域岸线程度作为毛乌素沙地河湖健康评价的指标。

2. "水"准则层指标

（1）生态流量/水位满足程度。

水是河流湖泊的基础，水量必须满足河流（湖泊）自身正常运转所需的最低要求来维持河道（湖泊）的自身生命。只有水量高于生态流量满足程度河流（湖泊）才能维持自净功能、基本生态功能、输沙功能等基本功能，不至于遭到水质难以恢复生态环境失衡、泥沙大量淤积、河道（湖泊）严重萎缩等危及到河流（湖泊）的健康的问题。将生态流量满足程度作为毛乌素沙地河流健康的指标，将生态水位满足程度作为毛乌素沙地湖泊健康评价指标。

（2）水质优劣程度。

水质优劣程度一般从多个方面综合考量，包括水中的成分、化学、物理性质等。要综合考量水中的重金属含量、五日生化需氧量、化学需氧量以及 pH 值、氨氮含量等。因此将水质优劣程度作为毛乌素沙地河湖健康的指标。

（3）湖泊营养状态。

水体富营养化指水体中的营养物质含量过多而引起的水质污染现象，一般常发生于湖泊之中，因此将湖泊营养状态作为毛乌素沙地湖泊健康评价的指标。

（4）底泥污染状况。

底泥污染状况一般用来评估河湖底泥污染项目超标状况，一般易发生于人类活动较频繁的河湖。因此将底泥污染状况作为毛乌素沙地湖泊健康评价的指标。

（5）水体自净能力。

自然界各种水体都具有一定的自净能力，这是由水自身的理化特征所决定的。广义的水体自净是指在物理、化学和生物作用下，受污染的水体逐渐自然净化，水质复原的过程。水体自净能力多用水中溶解氧含量来表征，因此，一般将水体自净能力作为评价毛乌素沙地河湖健康的指标。

3. 生物准则层指标

（1）大型底栖无脊椎动物完整性指数。

水生生物的状况是对河湖健康状况的综合反映，可用于评价河湖生态功能的优劣，反映了人类活动对河湖的胁迫在时间及空间上积累的结果。水环境质量的好坏对群落、种群、个体都有着不同程度的影响，进而影响整个河湖生态系统的健康。大型底栖无脊椎动物完整性指数是河湖水体健康评价重要的指标，其将河湖现状与自然条件下河湖状况进行对比，能够综合反映河湖生态系统的完整性、水生动物的数量与种类、良好生境指示种和耐污种等水生生物多样性。将大型底栖无脊椎动物完整性指数作为毛乌素沙地河湖健康评价的指标。

（2）鱼类保有指数。

鱼类保有指数能够反映评估河湖内现有鱼类种数与历史参考鱼类种数的差异情况，主要反映的是毛乌素沙地河湖受人类活动影响后鱼类的受损情况。将鱼类保有指数作为毛乌素沙地河湖健康评价的指标。

（3）水鸟状况。

水鸟状况是指水域范围内水鸟的种类、数量，能够反映出水域范围内的多样性以及水域范围内生态环境的优劣。根据毛乌素沙地河湖现场调研，红碱淖作为重要湖泊湿地，是遗鸥等多种鸟类的栖息地，因此只将水鸟状况作为红碱淖健康评价的指标。

（4）水生植物。

水生植物包括常年生活在水中、潮湿或 100% 饱和土壤水中的植物，依附水环境生长，可大致分为沉水植物、浮叶植物和挺水植物，水生植物群落状况能够综合反映水体中水生植物的多样性，也能体现出水体环境的优劣，因此将水生植物群落状况作为河流健康评价的指标，大型水生植物覆盖度作为湖泊健康评价的指标。

（5）浮游植物密度。

浮游植物指在水中以浮游生活的微小植物，通常指浮游藻类，包括蓝藻门、绿藻门、硅藻门、金藻门、黄藻门、甲藻门、隐藻门和裸藻门 8 个门类的浮游种类。浮游植物是衡量水质的指示生物，一片水域的水质如何，与浮游植物的丰富程度和群落组成有着密不可分的关系，浮游植物的减少或过度繁殖，将预示水域正趋向恶化。因此将浮游植物密度作为毛乌素沙地湖泊健康评价的指标。

4. 社会服务功能准则层指标

（1）岸线利用管理指数。

岸线利用管理指数能够综合反映河湖岸线开发利用率与管理水平，毛乌素沙地范围内河湖对岸线开发利用率与管理水平亦有特定要求，因此将岸线利用管理指数作为毛乌素沙地河湖健康评价的指标。

（2）公众满意度。

公众满意度能够反映公众对评价河湖的综合满意程度，因此将公众满意度作为毛乌素沙地河湖健康评价的指标。

毛乌素沙地河流健康评价指标体系见表 3.2-1，湖泊健康评价指标体系见表 3.2-2。

表 3.2-1　　　　　　　　　　河流健康评价指标体系表

目标层	准则层		指标层
河流健康	"盆"		河流纵向连通指数
			岸线自然状况
			违规开发利用水域岸线程度
	"水"	水量	生态流量满足程度
		水质	水质优劣程度
			水体自净能力

目标层	准则层	指标层
河流健康	生物	大型底栖无脊椎动物完整性指数
		鱼类保有指数
		水生植物群落状况
	社会服务功能	防洪达标率
		供水水量保证程度
		岸线利用管理指数
		公众满意度

表 3.2-2 　　　　　　　　　　　　湖泊健康评价指标体系表

目标层	准则层		指标层
湖泊健康	"盆"		湖泊面积萎缩比例
			岸线自然状况
			违规开发利用水域岸线程度
	"水"	水量	最低生态水位满足程度
		水质	水质优劣程度
			湖泊营养状态
			底泥污染情况
			水体自净能力
	生物		大型底栖无脊椎动物完整性指数
			鱼类保有指数
			浮游植物密度
			大型水生植物覆盖度
	社会服务功能		岸线利用管理指数
			公众满意度

3.3　指标计算方法及评价标准

3.3.1　"盆"

1. 河流纵向连通指数

根据单位河长内影响河流连通性的建筑物或设施数量评估，有过鱼设施的不在统计范围内。赋分标准详见表 3.3-1。

表 3.3-1 　　　　　　　　　　　河流纵向连通指数赋分标准

河流纵向连通指数/(个/100km)	0	0.2	0.25	0.5	1	≥1.2
赋分	100	80	60	40	20	0

2. 湖泊面积萎缩比例

采用评价年湖泊水面萎缩面积与历史参考年湖泊水面面积的比例表示，按照式（3.3-1）计算。历史参考年宜选择 20 世纪 80 年代末（1988 年《中华人民共和国河道管理条例》颁布之后）与评价年水文频率相近年份。赋分标准详见表 3.3-2。

$$ASI = \left(1 - \frac{AC}{AR}\right) \times 100 \qquad (3.3-1)$$

式中　ASI——湖泊面积萎缩比例，%；

　　　AC——评价年湖泊水面面积，km^2；

　　　AR——历史参考年湖泊水面面积，km^2。

表 3.3-2　　　　　　　　**湖泊面积萎缩比例赋分标准**

湖泊面积萎缩比例/%	≤5	10	20	30	≥40
赋分	100	60	30	10	0

3. 岸线自然状况

选取岸线自然状况指标评估河湖岸线健康状况，包括河（湖）岸稳定性和岸线植被覆盖率 2 个方面。

（1）河（湖）岸稳定性。

河（湖）岸稳定性指岸坡倾角、岸坡高度、岸坡覆盖度、河岸基质和坡脚冲刷强度。河（湖）岸稳定性采用如下公式计算：

$$BS_r = \frac{SA_r + SC_r + SH_r + SM_r + ST_r}{5} \qquad (3.3-2)$$

式中　BS_r——河（湖）岸稳定性赋分；

　　　SA_r——岸坡倾角分值；

　　　SC_r——岸坡植被覆盖度分值；

　　　SH_r——岸坡高度分值；

　　　SM_r——河岸基质分值；

　　　ST_r——坡脚冲刷强度分值。

河（湖）岸稳定性指标赋分标准详见表 3.3-3。

表 3.3-3　　　　　　　　**河（湖）岸稳定性指标赋分标准**

河（湖）岸特征	稳定	基本稳定	次不稳定	不稳定
赋分	100	75	25	0
岸坡倾角/(°)（≤）	15	30	45	60
岸坡植被覆盖度/%（≥）	75	50	25	0
岸坡高度/m（≤）	1	2	3	5
基质（类别）	基岩	岩土	黏土	非黏土
河岸冲刷状况	无冲刷迹象	轻度冲刷	中度冲刷	重度冲刷
总体特征描述	近期内河湖岸不会发生变形破坏，无水土流失现象	河湖岸结构有松动发育迹象，有水土流失迹象，但近期不会发生变形和破坏	河湖岸松动裂痕发育趋势明显，一定条件下可导致河岸变形和破坏，中度水土流失	河湖岸水土流失严重，随时可能发生大的变形和破坏，或已经发生破坏

23

（2）岸线植被覆盖率。

岸线植被覆盖率计算公式为

$$PC_r = \sum_{i=1}^{n} \frac{L_{uci}}{L} \times \frac{A_{ci}}{A_{ai}} \times 100 \qquad (3.3-3)$$

式中　　PC_r——岸线植被覆盖率赋分；

　　　　A_{ci}——岸段 i 的植被覆盖面积，km^2；

　　　　A_{ai}——岸段 i 的岸带面积，km^2；

　　　　L_{uci}——岸段 i 的长度，km；

　　　　L——评价岸段的总长度，km。

岸线植被覆盖率指标赋分标准详见表 3.3-4。

表 3.3-4　　　　　　　　　　岸线植被覆盖率指标赋分标准

河岸线植被覆盖率/%	赋分	说明	河岸线植被覆盖率/%	赋分	说明
0～5	0	几乎无植被	50～75	75	高密度覆盖
5～25	25	植被稀疏	>75	100	极高密度覆盖
25～50	50	中密度覆盖			

（3）河（湖）岸线自然状况指标赋分计算。

河（湖）岸线自然状况指标赋分采用下式计算

$$BH = BS_r \times BS_w + PC_r \times PC_w \qquad (3.3-4)$$

式中　　BH——岸线自然状况赋分；

　　　　BS_r——河（湖）岸稳定性赋分；

　　　　BS_w——河（湖）岸稳定性权重；

　　　　PC_r——岸线植被覆盖率赋分；

　　　　PC_w——岸线植被覆盖率权重。

河（湖）岸稳定性和岸线植被覆盖率的权重分别为 0.40 和 0.60。

4. 违规开发利用水域岸线程度

违规开发利用水域岸线程度综合考虑了入河湖排污口规范化建设率、入河湖排污口布局合理程度和河湖"四乱"状况，采用各指标的加权平均值。

（1）入河湖排污口规范化建设率。

入河湖排污口规范化建设率是指已按照要求开展规范化建设的入河排污口数量比例。入河湖排污口规范化建设是指实现入河排污口"看得见、可测量、有监控"的目标，其中包括：对暗管和潜没式排污口，要求在院墙外、入河湖前设置明渠段或取样井，以便监督采样；在排污口入河处树立内容规范的标志牌，公布举报电话和微信等其他举报途径；因地制宜，对重点排污口安装在线计量和视频监控设施，强化对其排污情况的实时监管和信息共享。

入河湖排污口规范化建设率指标赋分公式如下：

$$R_G = N_i / N \times 100 \qquad (3.3-5)$$

式中 R_G——入河湖排污口规范化建设率；

N_i——开展规范化建设的入河排污口数量，个；

N——入河湖排污口总数，个。

入河湖排污口规范化建设率评价赋分标准详见表3.3-5。

表3.3-5 入河湖排污口规范化建设率评价赋分标准

入河湖排污口规范化建设率	优	良	中	差	劣
赋分	100	[90，100)	[60，90)	[20，60)	[0，20)

（2）入河排污口布局合理程度。

评估入河湖排污口合规性及其混合区规模，赋分标准详见表3.3-6，取其中最差状况确定最终得分。

表3.3-6 入河湖排污口布局合理程度赋分标准

入河湖排污口设置情况	赋分
河湖水域无入河排污口	80～100
（1）饮用水源一级、二级保护区均无入河湖排污口。 （2）仅排污控制区有入河湖排污口，且不影响邻近水功能区水质达标，其他功能区无入河湖排污口	60～80
（1）饮用水源一级、二级保护区均无入河湖排污口； （2）河流：取水口上游1km无排污口；排污形成的污水带（混合区）长度小于1km，或宽度小于1/4河宽； （3）湖：单个或多个排污口形成的污水带（混合区）面积总和占水域面积的1%～5%	40～60
（1）饮用水源二级保护区存在入河湖排污口； （2）河流：取水口上游1km内有排污口；排污口形成污水带（混合区）长度大于1km，或宽度为1/4～1/2河宽； （3）湖：单个或多个排污口形成的污水带（混合区）面积总和占水域面积的5%～10%	20～40
（1）饮用水源一级保护区存在入河湖排污口； （2）河流：取水口上游500m内有排污口；排污口形成的污水带（混合区）长度大于2km，或宽度大于1/2河宽； （3）湖：单个或多个排污口形成的污水带（混合区）面积总和超过水域面积的10%	0～20

（3）河湖"四乱"状况。

无"四乱"状况的河段/湖区赋分为100分，"四乱"扣分时应考虑其严重程度，扣完为止，赋分标准详见表3.3-7。

表3.3-7 河湖"四乱"状况赋分标准

类　型	"四乱"问题扣分标准（每发现1处）		
	一般问题	较严重问题	重大问题
乱采	-5	-25	-50
乱占	-5	-25	-50
乱堆	-5	-25	-50
乱建	-5	-25	-50

（4）违规开发利用水域岸线程度指标赋分计算。

入河湖排污口规范化建设率、入河湖排污口布局合理程度和河湖"四乱"状况的权重分别为 0.20、0.20 和 0.60。

3.3.2 "水"

1. 生态流量满足程度

对于常年有流量的河流，宜采用生态流量满足程度进行表征。分别计算 4—9 月及 10 月—次年 3 月最小日均流量占相应时段多年平均流量的百分比，赋分标准详见表 3.3-8，取二者的最低赋分值为河流生态流量满足程度赋分。

针对季节性河流，可根据丰水、平水、枯水年分别计算满足生态流量的天数占各水期天数的百分比，按计算结果百分比数值赋分。

表 3.3-8　　　　　　　　　　生态流量满足程度赋分标准

（10 月—次年 3 月）最小日均流量占比/%	≥30	20	10	5	<5
赋分	100	80	40	20	0
（4—9 月）最小日均流量占比/%	≥50	40	30	10	<10
赋分	100	80	40	20	0

2. 最低生态水位满足程度

湖泊最低生态水位宜选择规划或管理文件确定的限值，或采用天然水位资料法、湖泊形态法、生物空间最小需求法等确定。

湖泊最低生态水位满足程度赋分标准详见表 3.3-9。

表 3.3-9　　　　　　　　　　最低生态水位满足程度赋分标准

湖泊最低生态水位满足程度	赋分
年内日均水位均高于最低生态水位	100
日均水位低于最低生态水位，但 3d 滑动平均水位不低于最低生态水位	75
3d 滑动平均水位低于最低生态水位，但 7d 滑动平均水位不低于最低生态水位	50
7d 滑动平均水位低于最低生态水位	30
60d 滑动平均水位低于最低生态水位	0

3. 水质优劣程度

水质优劣程度评判由评价时段内最差水质项目的水质类别代表该河流（湖泊）的水质类别，将该项目实测浓度值依据《地表水环境质量标准》（GB 3838—2002）水质类别标准值和对照评分阈值进行线性内插得到评分值，赋分采用线性插值，水质类别的对照评分详见表 3.3-10。当有多个水质项目浓度均为最差水质类别时，分别进行评分计算，取最低值。

表 3.3-10　　　　　　　　　　水质优劣程度赋分标准

水质类别	Ⅰ、Ⅱ	Ⅲ	Ⅳ	Ⅴ	劣Ⅴ
赋分	[90，100]	[75，90)	[60，75)	[40，60)	[0，40)

4. 湖泊营养状态

根据总氮、总磷、高锰酸盐指数、叶绿素 a、透明度计算水库综合营养状态指数。根据湖泊营养状态指数值确定湖泊营养状态赋分，赋分标准详见表 3.3－11。

表 3.3－11　　　　　　　　　　　湖泊营养状态赋分标准

湖泊营养状态指数	≤10	42	50	65	≥70
赋分	100	80	60	10	0

5. 底泥污染指数

采用底泥污染指数即底泥中每一项污染物浓度占对应标准值的百分比进行评价。污染物主要包括镉、汞、铅、铬、砷、铜、锌、镍 8 种，污染物底泥污染指数赋分时选用超标浓度最高的污染物倍数值，赋分标准见表 3.3－12。

表 3.3－12　　　　　　　　　　　底泥污染状况赋分标准

底泥污染指数	<1	2	3	5	>5
赋分	100	60	40	20	0

6. 水体自净能力

溶解氧（DO）对水生动植物十分重要，过高和过低的 DO 对水生生物均造成危害。选择水中 DO 浓度衡量水体自净能力，赋分标准见表 3.3－13。饱和值与压强和温度有关，若溶解氧浓度超过当地大气压下饱和值的 110%（在饱和值无法测算时，建议饱和值是 14.4mg/L 或饱和度 192%），此项 0 分。

表 3.3－13　　　　　　　　　　　水体自净能力赋分标准

溶解氧浓度/(mg/L)	饱和度≥90%（饱和值≥7.5mg/L）	≥6	≥3	≥2	0
赋分	100	80	30	10	0

3.3.3　生物

1. 大型底栖无脊椎动物生物完整性指数

大型底栖无脊椎动物生物完整性指数（BIBI）通过对比参考点和受损点大型底栖无脊椎动物状况进行评价。基于候选指标库选取核心评价指标，对评价河湖底栖生物调查数据按照评价参数分值计算方法，计算 BIBI 指数监测值，根据河湖所在水生态分区 BIBI 最佳期望值，按照式（3.3－6）计算 BIBI 指标赋分。

$$BIBIS = \frac{BIBIO}{BIBIE} \times 100 \tag{3.3－6}$$

式中　BIBIS——评价河湖大型底栖无脊椎动物生物完整性指标赋分，%；

　　　BIBIO——评价河湖大型底栖无脊椎动物生物完整性指数监测值；

　　　BIBIE——河湖所在水生态分区大型底栖无脊椎动物生物完整性指数最佳期望值。

2. 鱼类保有指数

鱼类保有指数反映流域开发后，河流生态系统鱼类物种受损失状况。评价现状鱼类种数与历史参考点鱼类种数的差异状况，按照式（3.3-7）计算，赋分标准见表 3.3-14。对于无法获取历史鱼类监测数据的评价区域，可采用专家咨询的方法确定。调查鱼类种类数量不包括外来鱼种。

$$FOEI = \frac{FO}{FE} \qquad (3.3-7)$$

式中　$FOEI$——鱼类保有指数，%；

FO——评价河湖调查获得的鱼类种类数量（剔除外来物种），种；

FE——20 世纪 80 年代以前评价河湖的鱼类种类数量，种。

表 3.3-14　　　　　　　　　　　　鱼类保有指数赋分标准

鱼类保有指数/%	100	85	75	60	50	25	0
赋分	100	80	60	40	30	10	0

3. 水生植物群落及盖度状况

河流采用水生植物群落情况进行评价，水生植物群落包括挺水植物、沉水植物、浮叶植物和漂浮植物以及湿生植物。按照水生植物种类和盖度进行综合评价。水生植物群落状况赋分标准见表 3.3-15，取各断面赋分平均值作为水生植物群落状况得分。

表 3.3-15　　　　　　　　　　　　水生植物群落状况赋分标准

水生植物种类	植被覆盖度	赋分
未观测到大型水生植物		30
单一种类	0~30%	40
	30%~60%	50
	>60%	60
种类 2 种以上	<10%	60
	10%~30%	70
	30%~50%	80
	50%~70%	90
	>70%	100

湖泊采用大型水生植物覆盖度进行评价，大型水生植物覆盖度评价湖向水域内的挺水植物、浮叶植物、沉水植物和漂浮植物 4 类植物中非外来物种的总覆盖度，因毛乌素沙地基本未有受人类活动影响的湖泊，所以采用直接评判赋分法进行评价，湖泊大型水生植物覆盖度赋分标准（直接评判赋分法）见表 3.3-16。

表 3.3-16　　　　　　　湖泊大型水生植物覆盖度赋分标准（直接评判赋分法）

大型水生植物覆盖度/%	>75	40~75	10~40	0~10	0
说明	极高密度盖度	高密度盖度	中密度盖度	植被稀疏	无植被
赋分	75~100	50~75	25~50	0~25	0

4. 浮游植物密度

由于毛乌素沙地区域缺乏 1980 年人类未大规模扰动前系统的藻类调查和监测数据，因此浮游植物密度采用直接评判赋分法。湖泊浮游植物密度赋分标准见表 3.3－17。

表 3.3－17 湖泊浮游植物密度赋分标准（直接评判赋分法）

浮游植物密度/(万个/L)	≤40	100	200	500	1000	2500	≥5000
赋分	100	75	60	40	30	10	0

5. 水鸟状况

调查评价河湖内鸟类的种类、数量，结合现场观测记录（如照片）作为赋分依据，赋分见表 3.3－18。水鸟状况赋分也可采用参考点倍数法，以河湖水质及形态重大变化前的历史参考时段的监测数据为基点，宜采用 20 世纪 80 年代或以前的监测数据。

表 3.3－18 鸟类栖息地状况赋分标准

水鸟栖息地状况分级	描　　述	赋　　分
好	种类、数量多，有珍稀鸟类	90～100
较好	种类、数量比较多，常见	80～90
一般	种类，数量比较少，偶尔可见	60～80
较差	种类少，难以观测到	30～60
非常差	任何时候都没有见到	0～30

3.3.4 社会服务功能

1. 岸线利用管理指数

岸线利用管理指数指河流（湖泊）岸线保护完好程度。岸线利用管理指数包括岸线利用率和已利用岸线完好率两个组成部分。岸线利用率，即已利用生产岸线长度占河岸线总长度的百分比。已利用岸线完好率，即已利用生产岸线经保护恢复原状的长度占已利用生产岸线总长度的百分比。

岸线利用管理指数采用式（3.3－8）计算。

$$R_u = \frac{L_n - L_u + L_0}{L_n} \tag{3.3－8}$$

式中　R_u——岸线利用管理指数；

　　　L_n——岸线总长度，km；

　　　L_u——已开发利用岸线长度，km；

　　　L_0——已利用岸线经保护完好的长度，km。

岸线利用管理指数赋分值＝岸线利用管理指数×100。

2. 公众满意度

评价公众对河湖环境、水质水量、涉水景观等的满意程度，采用公众调查方法评价，其赋分取评价流域（区域）内参与调查的公众赋分的平均值。公众满意度的赋分标准见表

3.3-19，赋分采用区间内线性插值。

表 3.3-19 公众满意度指标赋分标准

公众满意度	[95, 100]	[80, 95)	[60, 80)	[30, 60)	[0, 30)
赋分	100	[80, 100)	[60, 80)	[30, 60)	[0, 30)

3.4 评价指标体系权重确定

3.4.1 计算方法

本次评估选择的评价指标众多，每个指标对河湖健康的影响程度，以及重要性是不同的，不能在河湖健康的综合评价中对各评价指标一概而论。因此需要确定评价体系中各评价指标的权重，各指标权重的大小不仅体现出决策者对河湖健康中不同指标的重视程度，还代表了对河湖健康影响程度的大小，而确定的各指标权重大小是否合理，对评价结果的可靠性有很大影响。本项目所用的确定各评价指标权重的方法是层次分析法（简称"AHP 法"）。

层次分析法是美国运筹学家 T. L. Saaty 等在 20 世纪 70 年代中期提出的一种定性和定量相结合的，系统性、层次化的多目标决策分析方法。在环境科研实践中，AHP 法广泛应用于生态安全、环境规划、区域承载力、化学品环境性能评价等众多领域。AHP 法的原理是将一个复杂的决策目标分解成一个层次结构模型，然后按照顺序去逐步解决问题。其方法是通过对同一层次的各指标进行两两比较，求得每一层次中各元素相对于上一层次某元素的权重大小，依次计算至最后一层，最终得到每个指标相对于总目标层的权重。AHP 法的核心是将决策者的经验判断定量化，增强了决策依据的准确性，在目标结构较为复杂且缺乏统计数据的情况下更为实用。应用 AHP 法确定评价指标的权重，就是在建立有序递阶的指标体系的基础上，通过比较同一层次各指标的相对重要性来综合计算指标的权重系数。

AHP 法适用于评价结构复杂，影响评价结果的因素众多，且构建的评价体系中具有定性指标的河湖健康评价问题。该方法属于主观赋权法，最终计算出的权重大小和决策者的主观逻辑紧密结合在一起。将决策者的判断进行了量化，可以使研究者在面对结构复杂的河流健康评价问题时，将自己的判断变得更有层次和条理性，避免判断上的失误，并且还具有所需定量的数据较少、决策简单、系统地对问题进行分析的好处，使得层次分析法在国内外得到了广泛的应用。下面详细介绍层次分析法的计算过程，具体步骤如下：

1. 构造判断矩阵

同一层次内 n 个指标相对重要性的判断由若干位专家完成。依据心理学研究得出的"人区分信息等级的极限能力为 7 ± 2"的结论，AHP 法在对指标的相对重要性进行评判时，引入了九分位的比例标度，详见表 3.4-1。判断矩阵 A 中各元素 a_{ij} 为 i 行指标相对 j 列指标进行重要性两两比较的值。

表 3.4-1	相对重要性的比例标度
标度值	含　义
1	表示两个元素相比，具有同样重要性
3	表示两个元素相比，前者比后者稍重要
5	表示两个元素相比，前者比后者明显重要
7	表示两个元素相比，前者比后者强烈重要
9	表示两个元素相比，前者比后者极端重要
2，4，6，8	表示上述相邻判断的中间值
倒数	若因素 i 与 j 重要性之比为 a_{ij}，则因素 j 与因素 i 重要性之比为 $a_{ji}=1/a_{ij}$

显然，在判断矩阵 $\boldsymbol{A}$ 中，$a_{ij}>0$，$a_{ii}=1$，$a_{ji}=1/a_{ij}$（其中 i，$j=1,2,\cdots,n$）。因此，判断矩阵 $\boldsymbol{A}$ 是一个正交矩阵，左上至右下对角线位置上的元素为 1，其两侧对称位置上的元素互为倒数。每次判断时，只需要作 $n(n-1)/2$ 次比较即可。

2. 计算指标权重

将判断矩阵 $\boldsymbol{A}$ 的各行向量进行几何平均，然后归一化，得到的行向量就是权重向量。具体计算方法如下。

（1）采用式（3.4-1）计算矩阵每一行元素的乘积。

$$M_i=\prod_{j=1}^{n}a_{ij},i=1,2,\cdots,n \qquad (3.4-1)$$

（2）采用式（3.4-2）计算 M_i 的 n 次方根。

$$\overline{W}_i=\sqrt[n]{M_i} \qquad (3.4-2)$$

（3）对向量 $w=[\overline{W}_1,\overline{W}_2,\cdots,\overline{W}_n]^T$ 归一化，采用式（3.4-3）计算指标权重 w。

$$w_i=\overline{W}_i/\sum_{i=1}^{n}\overline{W}_i \qquad (3.4-3)$$

3.4.2　准则层及指标层权重

为进一步确定毛乌素沙地主要河湖健康评价指标体系中准则层及指标层各指标权重，邀请中国水利水电科学研究院、水利部牧区水利科学研究所、内蒙古自治区水利科学研究院等 9 个单位的 10 位专家针对河湖健康评估指标相对重要性评定表进行了专家评分，专家研究领域涉及河湖健康评价的生态学、水文水资源、水利工程等多个专业，确定了河湖健康评价指标体系的关键指标和权重。

河湖评价指标体系中"盆"、"水"、生物和社会服务功能的权重依次为 0.20、0.30、0.20 和 0.30。

毛乌素沙地河流健康评价指标体系各指标权重计算结果详见表 3.4-2，毛乌素沙地湖泊健康评价指标体系各指标权重计算结果详见表 3.4-3。

表 3.4-2 河流健康评价指标体系各指标权重

目标层	准则层			指标层	
	名称		权重	名称	指标权重
河流健康	"盆"		0.20	河流纵向连通指数	0.24
				岸线自然状况	0.41
				违规开发利用水域岸线程度	0.35
	"水"	水量	0.30	生态流量满足程度	0.35
		水质		水质优劣程度	0.45
				水体自净能力	0.20
	生物		0.20	大型底栖无脊椎动物完整性指数	0.19
				鱼类保有指数	0.44
				水生植物群落状况	0.37
	社会服务功能		0.30	岸线利用管理指数	0.35
				公众满意度	0.65

表 3.4-3 湖泊健康评价指标体系各指标权重

目标层	准则层			指标层	
	名称		权重	名称	指标权重
湖泊健康	"盆"		0.20	湖泊面积萎缩比例	0.44
				岸线自然状况	0.37
				违规开发利用水域岸线程度	0.19
	"水"	水量	0.30	最低生态水位满足程度	0.23
		水质		水质优劣程度	0.26
				湖泊营养状态	0.19
				底泥污染情况	0.12
				水体自净能力	0.20
	生物		0.20	大型底栖无脊椎动物完整性指数	0.13
				鱼类保有指数	0.38
				浮游植物密度	0.31
				大型水生植物覆盖度	0.18
	社会服务功能		0.30	岸线利用管理指数	0.46
				公众满意度	0.54

第4章

河湖健康调查监测

4.1 调查监测方案

4.1.1 监测点位、河段及断面布设原则

1. 监测点位布设原则

河流监测点位布设：每个评价河段内可根据评价指标特点设置1个或多个监测点位。监测点位应按下列要求确定：水量、水质监测点位设置应符合水文及水质监测规范要求，优先选择现有常规水文站及水质监测断面。不同指标的监测点位可根据河段特点分别选取，评价指标的监测点位位置宜保持一致。综合考虑代表性、监测便利性和取样监测安全等确定多个备选点位，可结合现场勘察，最终确定合适的监测点位。

湖泊监测点位布设：湖泊监测点位布设应根据湖泊规模及健康评价指标特点，按下列要求确定：每个湖泊分区均应在湖泊分区评价的水域中心及其代表性样点，设置水质、浮游植物及浮游动物等的同步监测断面（湖泊区水域点位），优先选择现有常规水文站及水质监测点。湖泊应采用随机取样方法沿湖泊岸带布设湖泊岸带监测点位。对于水面面积大于 $10 \mathrm{km}^2$ 的湖泊，在湖泊周边随机选择第一个点位，然后 10 等分湖泊岸线，依次设置监测点位；对于水面面积小于 $10 \mathrm{km}^2$ 的湖泊，可以适当减少监测点位；对于水面面积大于 $500 \mathrm{km}^2$ 的湖泊，宜按湖泊岸线距离不大于 30km 的要求，增加监测点位。

2. 监测河段布设原则

应根据评价指标特点在监测点位设置监测河段，监测河段范围采用固定长度方法或河道水面宽度倍数法确定，监测河段长度规定如下：

深泓水深小于 5m 的河流（小河），监测河段长度可采用河道水面宽度倍数法确定，其长度为 40 倍水面宽度，最大长度宜不超过 1km。深泓水深不小于 5m 的河流（大河）采用固定长度法，规定长度为 1km。

3. 监测断面布设原则

每个监测河段可设置若干监测断面。监测断面应按下列要求确定：深泓水深小于 5m 的小河，监测断面可根据深泓线设置，参考监测断面间距可为 4 倍河宽；深泓水深不小于 5m 的大河，监测断面可根据河岸线设置，参考监测断面间距可为 50m；根据现场考察，

33

分析断面设置的合理性，可根据取样的便利性适当调整监测断面位置。监测点位、监测河段、监测断面布设见图 4.1-3。

4.1.2　监测点、断面布置方案

每个评价河段设置一个监测河段，按照监测点位、断面布置原则，结合评价河湖分段特点及构建的评价指标体系，按照监测指标监测需求，分别布设水质监测点/断面、生物监测点/断面、流量监测断面（现有水文站）、底泥监测点、自然状况监测断面等，各类监测点/断面布设及监测内容如下：

1. 水质监测点/断面

在河流布设水质监测断面，每个监测河段布设 1 个监测断面，评估河流共布设水质监测断面 8 个，其中无定河布设水质监测断面 3 个，海流兔河、纳林河各布设水质监测断面 2 个，白河布设水质监测断面 1 个。湖泊布设水质监测点，每个监测湖区布设 1 个监测点，评估湖泊共布设水质监测点 19 个，其中马奶湖布设 4 个水质监测点，红碱淖、哈达图淖、哈塔兔淖、神海子、光明淖各布设 3 个水质监测点，水质监测点/断面主要监测 24 项常规地表水监测指标，湖泊水质监测点除 24 项常规地表水监测指标外，进行湖泊营养状态评定时需监测叶绿素 a 和透明度。

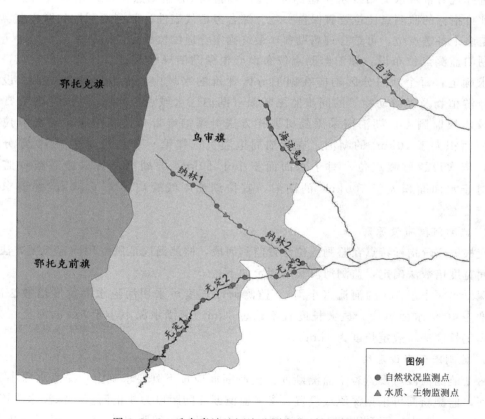

图 4.1-1　毛乌素沙地河流监测点位/断面布设图

2. 生物监测点/断面

在河流布设生物监测断面，布设位置与水质监测断面相同，河流生物监测内容主要包括大型底栖无脊椎动物状况、鱼类状况和水生植物状况；在湖泊布设监测点，布设位置与水质监测点相同，主要观测湖泊大型底栖无脊椎动物状况、鱼类状况、浮游植物和水生植物覆盖度等。

3. 底泥监测点

在湖泊分区布设底泥监测点，布设位置与水质监测点相同，监测底泥的重金属污染状况。

4. 流量监测断面

流量监测断面主要以评价河流现有水文站和邻近河流可参证水文站监测断面为主，无定河有巴图湾入库和出库 2 处流量监测站。

5. 自然状况监测断面

根据河道岸坡、岸线自然状况变化情况，在每个河段设置 1～4 个自然状况监测断面，分别测定左右岸的岸坡倾角、岸坡高度、岸坡植被盖度、岸坡基质类型、坡脚的冲刷强度和岸线植被盖度，共布置自然状况监测断面 65 个。

评价河流各分段监测点/断面布设情况详见图 4.1-1。评价湖泊各分段监测点/断面布设情况详见图 4.1-2～图 4.1-7。

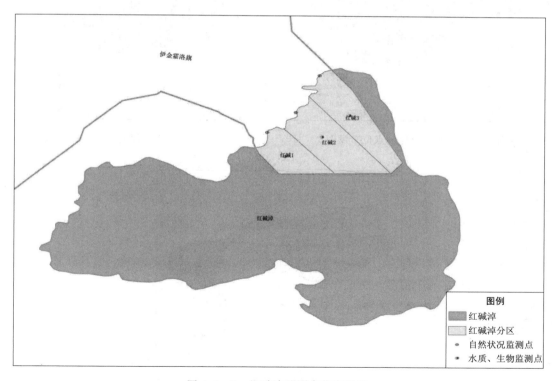

图 4.1-2　红碱淖监测点位布设图

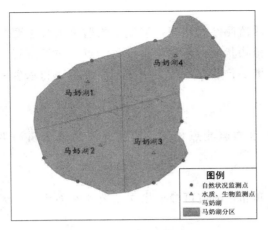

图 4.1-3　马奶湖监测点位布设图

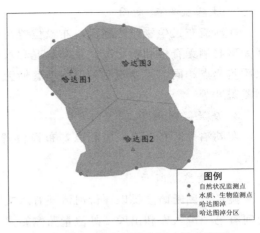

图 4.1-4　哈达图淖监测点位布设图

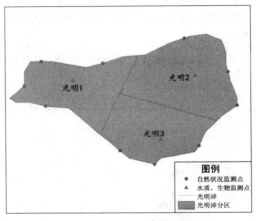

图 4.1-5　光明淖监测点位布设图

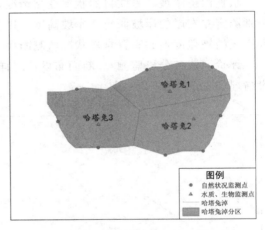

图 4.1-6　哈塔兔淖监测点位布设图

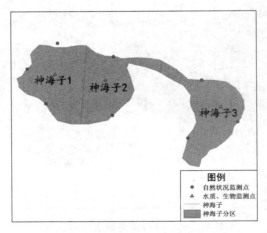

图 4.1-7　神海子监测点位布设图

4.2 "盆"指标调查监测

4.2.1 河流纵向连通性指数

海流兔河建有团结水库，均质土坝，小（1）型水库，功能为农业灌溉。

纳林河建有寨子梁水库、排子湾水库、负家湾水库，均为均质土坝、小（1）型水库，用于农业灌溉。

白河七一水库坝址以上流域885km²，跃进水库至七一水库区间流域面积28km²，胜利水库至跃进水库区间流域面积163km²。

根据单位河长内影响河流连通性的建筑物或设施数量评价河流纵向连通指数，有生态流量或生态水量保障，有过鱼设施且能正常运行的不在统计范围内。根据4条主要河流实地调查，主要影响河流连通性建筑物为水库等，根据实际水库类型判定其是否影响河流连通性，调查结果显示无定河上存在大沟湾水库、古城水库、巴图湾水库、新窑峁水电站和张冯畔水库5座响河流连通性的建筑物；海流兔河上存在团结水库、负家湾水库2座影响河流连通性的建筑物；纳林河上存在陶利水库、寨子梁水库、排子湾水库3座影响河流连通性的建筑物；白河上存在七一水库、跃进水库、胜利水库3座影响河流连通性的建筑物。按照每百公里有影响河流建筑物的个数计算河流纵向连通指数，河流纵向连通指数可根据河流整体情况确定，即按照评价河流整体进行纵向连通指数计算，计算4条河流纵向连通指数均大于1.3，整体连通性较差，河流连通性赋分均为0分，详见表4.2-1。

表 4.2-1　　　　　　　评估河段影响河流建筑物数量

河流	河长/m	影响纵向连通性建筑物数量/个	河流纵向连通指数	建 筑 物 名 称
无定河	106	5	4.7	大沟湾水库、古城水库、巴图湾水库、新窑峁水电站、张冯畔水库
海流兔河	40.5	1	2.5	团结水库、负家湾水库
纳林河	74	1	1.4	陶利水库、寨子梁水库、排子湾水库
白河	25	3	12	七一水库、跃进水库、胜利水库

4.2.2 岸线自然状况

岸线自然状况包括河（湖）岸稳定性评价和岸线植被覆盖率两个方面，河（湖）岸稳定性通过岸坡倾角、高度、植被盖度、基质类型及坡脚的冲刷强度综合评价，于2021至2023年的7—8月对评价河流和湖泊进行了现场勘查，平均每个评价河段/湖区分散选取1～4个观测点，每个观测点分别对河流左岸和右岸及湖岸随机选取3个重复进行测量。

岸坡倾角采用多功能坡度测量仪测量岸坡倾角和坡高，用多功能坡度仪读取坡度数据和坡面长度，计算得到坡高。

岸坡基质通过观察分析土壤质地，经实地调查，评价河湖岸坡均为沙质土壤，分类均为非黏土，同时调查岸线的冲刷程度。岸坡植被盖度和岸线植被盖度调查利用1m×1m的方形框在岸线和岸坡上随机选取 5～8 处，利用目估法测定的植被覆盖度，计算多次平均值得到评价河湖分段的植被覆盖度。

评价河湖各分段岸线自然状况见表 4.2-2 和表 4.2-3。

表 4.2-2   主要河流各段岸线自然状况监测结果

河流	河段	坡度/(°)	岸坡植被盖度/%	坡高/m	河岸基质	坡脚冲刷强度	岸带植被覆盖率/%
无定河	无定1	40	50	11.5	非黏土	轻度	75
	无定2	23.8	75	5.3	非黏土	轻度	75
	无定3	15	100	2	非黏土	轻度	100
海流兔河	海流兔1	10	98	0.5	黏土	无冲刷迹象	50
	海流兔2	30	70	2	黏土	无冲刷迹象	95
纳林河	纳林1	30	90	1	黏土	无冲刷迹象	75
	纳林2	14	80	0.3	黏土	无冲刷迹象	70
白河	白河1	15	50	1	非黏土	无冲刷	50
	白河2	26.7	51.1	1.2	非黏土	轻度冲刷	57

表 4.2-3   主要湖泊各区岸线自然状况监测结果

湖泊	湖区	坡度/(°)	岸坡植被盖度/%	坡高/m	河岸基质	坡脚冲刷强度	岸带植被覆盖率/%
红碱淖	红碱1	3.8	18.8	0.9	非黏土	无冲刷	55
	红碱2	3	25	1	非黏土	无冲刷	77.5
	红碱3	7.5	80	1	非黏土	无冲刷	85
马奶湖	马奶1	10	0	2	非黏土	轻度冲刷	65
	马奶2	20	35	10	非黏土	轻度冲刷	65
	马奶3	5	0	2	黏土	轻度冲刷	30
	马奶4	14	25	2	非黏土	轻度冲刷	20
哈达图淖	哈达图1	5	75	1	黏土	无冲刷	65
	哈达图2	6	45	1	黏土	无冲刷	40
	哈达图3	5	65	1	黏土	轻度冲刷	65
光明淖	光明1	8	65	1	黏土	轻度冲刷	75
	光明2	10	65	2	黏土	无冲刷	75
	光明3	4	75	1	黏土	轻度冲刷	75
哈塔兔淖	哈塔兔1	6	75	1	黏土	轻度冲刷	100
	哈塔兔2	10	80	1	黏土	轻度冲刷	50
	哈塔兔3	10	40	1	黏土	轻度冲刷	70
神海子	神海子1	12	75	2	黏土	无冲刷	50
	神海子2	8	75	1	黏土	无冲刷	75
	神海子3	15	75	1	黏土	轻度冲刷	100

4.2.3 违规开发利用水域岸线程度

违规开发利用水域岸线程度综合考虑了入河排污口规范化建设率、入河湖排污口布局合理程度和河湖"四乱"状况。

1. 入河排污口规范化建设率与布局合理程度

根据《鄂尔多斯市 2019 年入河排污口上报成果表》数据，结合鄂尔多斯市生态环境局《黄河流域鄂尔多斯段入河排污口排查、整治工作情况汇报》，经评价河流实地调查，评价河流和湖泊目前均无排污口。主要河湖如何排污口规划建设率和布局合理程度评分赋分均为 100 分。

2. 河湖"四乱"状况

鄂尔多斯市每年于春季和秋季开展河湖"四乱"整治春季行动和秋季行动，不定期开展"百日攻坚"行动等河湖四乱专项清理行动，评价河湖基本上对发现的各类问题进行动态清理，评价河湖基本无"四乱"问题，河湖四乱状况赋分为 100 分。

4.2.4 湖泊面积萎缩比例

1. 红碱淖

利用评价年湖泊面积与历史参考湖泊水面面积的比例表示，红碱淖根据《红碱淖流域水资源综合规划》及《鄂尔多斯市级河流湖泊水域岸线利用规划》等资料及 2019—2021 年遥感解译结果，分析红碱淖历史面积变化情况。

20 世纪 20 年代，红碱淖湖址为葱郁丰茂的天然牧场，一条大道贯穿南北，是蒙汉交往的重要通道。由于该地含大量的红碱和水分，地面呈铁锈色，故原称"红碱湿地"，后积水逐年增加，遂成水潭，改称"红碱淖"。形成于 1929 年，水面面积大约 1.3km²，1929 年至 20 世纪 40 年代由于持续降水，加之此地地势低洼，形成大约 20km² 的湖面，到了 1954 年大搞河网化，挖渠排水，红碱淖形成了约 36km² 的湖面。到了 20 世纪 60 年代，红碱淖降水较多，1969 年水面也达到最大，约 67km²。从 20 世纪 70—90 年代，红碱淖的湖水量和蒸发量基本处于均衡状态，水面虽每年都有变化，但总体处稳定状况，约 54km²。进入 21 世纪以后，红碱淖水水面持续萎缩，至 2010 年水面面积仅为 38.2km²。2010 年以后基本维持稳定在 34.2km² 左右，详见表 4.2-4 和图 4.2-1。

根据红碱淖面积变化统计资料，按照湖面面积变化情况，可将红碱淖变化分为形成阶段、稳定阶段、萎缩阶段、稳定阶段 4 个阶段。

（1）湖泊形成阶段：20 世纪 20 年代末至 60 年代末，红碱淖水面面积由 1.3km² 增至 67km²。

（2）湖面稳定阶段：20 世纪 70 年代至 90 年代末，红碱淖水面面积变化不大，水面面积基本维持在 54.1km² 左右。

（3）湖面萎缩阶段：21 世纪以来，红碱淖水面面积急剧萎缩，至 2010 年水面面积减为 38.2km²，该阶段多年平均水面面积约为 43.4km²。

（4）湖面稳定阶段：2010 年以后，红碱淖水面逐步稳定，维持在 34.2km² 左右。

相较 20 世纪 70 年代至 90 年代末稳定阶段，2022 年湖泊水面面积 36.0km²，较 20 世纪 70—90 年代稳定阶段的平均面积 54.3km²，萎缩了约 33.5%。

表 4.2 - 4　　　　　　　　1929—2022 年红碱淖湖面面积变化　　　　　　单位：km²

年份	面积	年份	面积	年份	面积	年份	面积
1929	1.3	1989	54.0	2001	48.0	2013	32.9
1947	20.0	1990	52.0	2002	47.4	2014	32.6
1956	32.8	1991	50.7	2003	45.8	2015	31.6
1957	36.0	1992	54.0	2004	41.9	2016	31.0
1969	67.0	1993	57.0	2005	44.8	2017	31.2
1976	53.7	1994	56.0	2006	42.9	2018	35.8
1981	54.0	1995	55.6	2007	39.3	2019	37.7
1984	55.1	1996	55.4	2008	39.2	2020	37.8
1985	55.5	1997	55.1	2009	39.0	2021	36.1
1986	56.0	1998	55.5	2010	38.2	2022	36.0
1987	53.6	1999	53.1	2011	35.8		
1988	54.5	2000	50.4	2012	33.3		

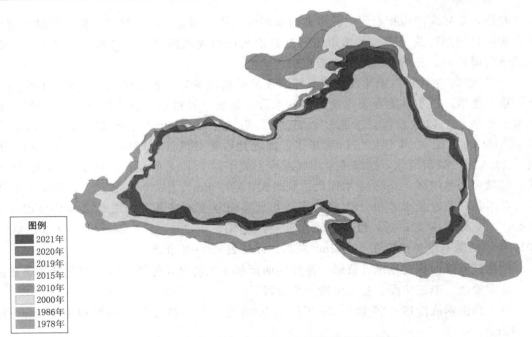

图例
2021年
2020年
2019年
2015年
2010年
2000年
1986年
1978年

图 4.2 - 1　红碱淖 1978—2021 年湖泊面积变化图

2．其他湖泊

通过选取与 2022 年水文年型相近的 80 年代遥感数据解译湖面面积，进行现状湖泊面积与历史参考湖泊水面面积进行对比，选取 1986 年遥感数据解译马奶湖、哈达图淖、光明淖、哈塔兔淖和神海子水面面积，同时解译了 1993 年、2003 年和 2013 年湖泊水面面积，对比分析近年来湖泊面积变化情况，对比 1986 年与现状年水面情况对比，5 个湖泊均出现不同程度的萎缩情况，从历年湖面面积变化情况来看，水面面积不稳定，湖泊水面可能与气候情况有关；从历年湖面面积变化情况来看，神海子水面面积持续萎缩。详见表4.2－5和图4.2－2～图4.2－6。

表 4.2－5　　　　　　　　　　　湖泊历史湖面面积变化　　　　　　　　　　单位：km²

湖泊名称	1986 年	1992 年	2002 年	2012 年	2022 年	萎缩情况
马奶湖	4.55	4.12	5.42	3.00	4.62	未萎缩
哈达图淖	6.67	4.92	3.43	1.70	2.90	56.5%
光明淖	2.29	2.21	1.85	1.18	1.94	15.3%
哈塔兔淖	2.46	2.44	1.46	1.05	1.55	37.0%
神海子	3.00	2.96	2.76	2.53	2.38	20.7%

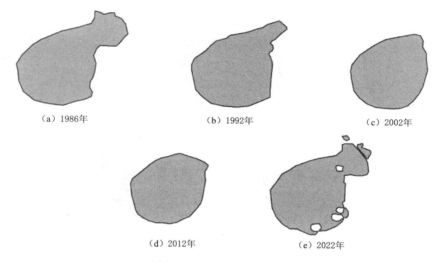

（a）1986年　　　　　（b）1992年　　　　　（c）2002年

（d）2012年　　　　　（e）2022年

图 4.2－2　马奶湖 1986—2022 年湖泊面积变化图

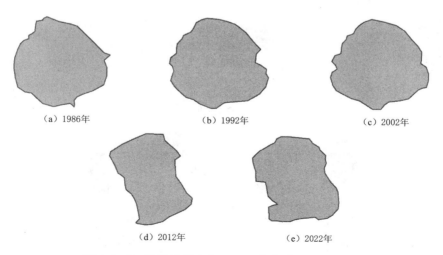

（a）1986年　　　　　（b）1992年　　　　　（c）2002年

（d）2012年　　　　　（e）2022年

图 4.2－3　哈达图淖 1986—2022 年湖泊面积变化图

41

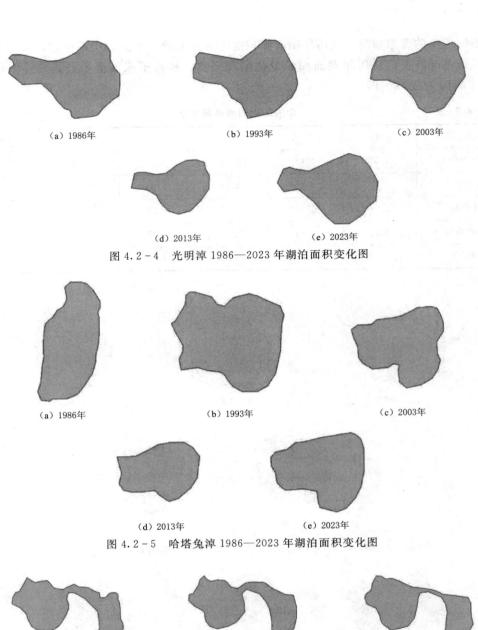

（a）1986年　　　　　　　　（b）1993年　　　　　　　　（c）2003年

（d）2013年　　　　　　　　（e）2023年

图 4.2-4　光明淖 1986—2023 年湖泊面积变化图

（a）1986年　　　　　　　　（b）1993年　　　　　　　　（c）2003年

（d）2013年　　　　　　　　（e）2023年

图 4.2-5　哈塔兔淖 1986—2023 年湖泊面积变化图

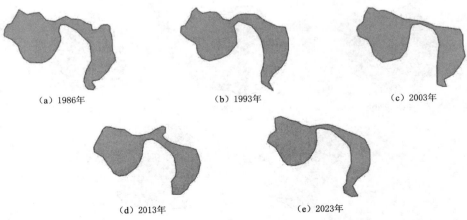

（a）1986年　　　　　　　　（b）1993年　　　　　　　　（c）2003年

（d）2013年　　　　　　　　（e）2023年

图 4.2-6　神海子 1986—2023 年湖泊面积变化图

4.3 "水"指标监测

4.3.1 生态流量满足程度

对常年有流量河流和季节性河流采用不同方法进行生态流量满足程度评价，评估河流中均属于常有水河流，其中无定河（鄂尔多斯段）有巴图湾入库站和大坝管理站，纳林河和白河无水文站，海流兔河在陕西境内段有海流图站，采用实测数据进行统计计算，无水文站河流采用有水文站河流的参证站进行统计计算。

对于常年有水河流，分别计算 4—9 月及 10 月—次年 3 月最小日均流量占相应时段多年平均流量的百分比。本次采用巴图湾水库入库站和大坝管理站实测流量，作为无定河生态流量满足程度计算。巴图湾水库入库站和大坝管理站的观测方式为每月等间隔观测 6 次出入库流量，根据 2020 年 10 月—2021 年 9 月的流量监测数据，分别统计 2 个水文站 10 月—次年 3 月和 4—9 月的最小日均流量，采用 1981—2020 年巴图湾水库入库流量数据和 1983—2020 年（部分资料不全）统计 10 月—次年 3 月和 4—9 月的多年平均流量。无定河上游（无定 1）采用巴图湾水库入库站资料，无定河中游（无定 2）和下游（无定 3）采用大坝管理站流量资料。巴图湾出入库不同时段流量统计结果见表 4.3－1。由于巴图湾水库 2020—2021 年开展除险加固，导致评价期间出库流量较大，生态流量可以得到满足，按照《内蒙古自治区水利厅关于保障全区水利工程泄放水量的通知》（内水资〔2017〕136号）要求，鄂尔多斯市辖区内巴图湾水库的调度运行方案均包含生态调度任务，可保证下游生态用水需求。

表 4.3－1　　　　　　　　巴图湾出入库不同时段流量统计表　　　　　　单位：m^3/s

水 文 站	巴图湾入库	巴图湾出库
（10 月—次年 3 月）最小径流量	2.16	3.80
（4—9 月）最小径流量	1.61	1.63
（10 月—次年 3 月）多年平均径流量	1.14	1.57
（4—9 月）多年平均径流量	1.14	1.58

海流兔河、纳林河、白河境内均无水文站，但河流涉及水库均开展了小型水库洪水调度运用方案和设计，可满足一定的下泄流量，保证生态流量的要求。

4.3.2 最低生态水位满足程度

湖泊的最低水位宜选择规划或管理文件确定，根据资料收集情况，2014 年水利部黄河水利委员会编制了《红碱淖流域水资源综合规划》，以解决红碱淖流域日益严重的水资源供需矛盾和水事纠纷，改善流域生态环境状况，合理利用和保护水资源，加强水资源统一规划和管理，保障流域经济社会可持续发展和红碱淖自身生态系统的良性维持。该规划未给出红碱淖适宜的生态水位，但对河道外供水及最低入湖流量做出要求，指出"规划不再新增地表水供水工程并严格限制地下水开采，规划实施后，红碱淖流域河道外总供水量基本控制在 3136.6 万 m³ 以内，其中地表供水量控制在 1239.0 万 m³ 以内。水资源配置方案提出了蟒盖兔河、札萨克河、七卜素河的入湖水量要求，对入湖河流的水文情势产生正面影响，由此，湖泊面积可维持在 24.9km² 左右"。从 2010—2021 年湖面面积变化数据（遥感解译）来看，近 10 年红碱淖水面面积较平稳，基本维持在 35km² 左右，进入了平稳阶段，较规划中保障最低入湖水量预测的湖面面积大，说明今年该流域的入湖水量保障程度较高，红碱淖基本达到水量平衡状态。

由于红碱淖流域水资源的历史监测资料基本空白，在 2015 年前只有雨量站的监测资料，无蒸发站、水文站、水位站及水生态监测站的监测资料，该评价工作仅收集到红碱淖 2018—2020 年水位监测资料，2018 年平均水位 1219.14m（2—12 月），最高水位 1219.21m，最低水位 1218.70m；2019 年平均水位 1219.30m（1—10 月），最高水位 1219.47m，最低水位 1219.19m；2020 年平均水位 1220.62m（仅有 6—8 月水位监测数据），最高水位 1221.00m，最低水位 1217.65m。红碱淖水位监测资料时间较短，且不连续，无法按照《河湖健康评价指南》要求进行日均水位分析，但根据湖泊面积数据分析，近 10 年湖泊面积变化不大，红碱淖平均水深 2.75m，最大水深 5.0m，按照水生植物的适宜水深，水生植物主要为篦齿眼子菜和水绵，篦齿眼子菜的适宜水深为 0.5～2.5m，经实际测量，红碱淖各评价段水深均大于 0.5m，红碱淖的水深可满足水生植物需求。

由于马奶湖、哈达图淖、光明淖、哈塔兔淖和神海子的历史水深监测资料基本空白，根据资料收集情况及现场测量湖泊平均水深（见表 4.3-2），马奶湖水深在 1.2～1.5m，观测马奶湖中无水生植物，有麦穗鱼、鲤鱼、中华花鳅、马口鱼和鳘，湖泊水深可满足鱼类生存；哈达图淖平均水深较深在 1～2m，水生植物以挺水植物为主，主要为芦苇和香蒲，其适宜生长水深为 2m 以内，可满足水生植物需求；光明淖平均水深在 2.0～3.0m，大型水生植物群落主要以挺水植物为主，优势类群为芦苇和篦齿眼子菜，鱼类主要为鲫鱼和达里湖高原鳅，湖泊水深可满足植物和鱼类生长需求；哈塔兔淖平均水深在 4.0～5.0m，水生植物以挺水植物为主，主要为芦苇，鱼类主要为鲫鱼、鲤鱼、花鲢、白鲢、草鱼，湖泊水深可满足植物和鱼类生长需求；神海子水深在 1.5～2.0m，大型水生植物群落主要以挺水植物为主，优势类群为芦苇和篦齿眼子菜，未采集到鱼类，湖泊水深可满足水生植物生存。

表 4.3-2　　　　　　　　　评价湖泊各分区平均水深　　　　　　　　　单位：m

湖泊名称	平均水深	湖泊名称	平均水深
红碱淖	2.75～3.0	光明淖	2.0～3.0
马奶湖	1.2～1.5	哈塔兔淖	4.0～5.0
哈达图淖	1.4～2.1	神海子	1.5～2.0

4.3.3　水质优劣程度

按照评价河流实际情况，结合现状水功能区监测情况，在水功能监测断面的基础上，在评价河流有水段补充设置水质监测断面，河水或湖水较深时采用取水器进行取样，取样后放入 5L 桶和 500mL 无菌袋（测定粪大肠杆菌）保存，水深较浅的河流无法用取水器时，直接用 5L 桶进行取样。现场测定水温，其他指标取样后送有资质的检测实验室进行测试。按照《地表水环境质量标准》（GB 3838—2002），评价河流段无地表水供水水源地，测定常规地表水监测项目。由评价时段内最差水质项目评定水质状况。评价河流分段水质类别及最差水质项目见表 4.3-3。

表 4.3-3　　　　　　　　　　评价河流分段水质类别及最差水质项目统计

河流名称	分段	水质类别	最差水质项目	监测值
无定河	无定1	Ⅲ	高锰酸盐指数/(mg/L)	5.8
			化学需氧量/(mg/L)	17
			五日生化需氧量/(mg/L)	3.2
			总氮/(mg/L)	0.99
			粪大肠菌群/(MPN/L)	2400
	无定2	Ⅲ	高锰酸盐指数/(mg/L)	5.7
			化学需氧量/(mg/L)	19
			五日生化需氧量/(mg/L)	3.8
			总氮/(mg/L)	0.93
			汞/(mg/L)	0.00007
			粪大肠菌群/(mg/L)	2400
	无定3	Ⅲ	高锰酸盐指数/(mg/L)	5.6
			化学需氧量/(mg/L)	17
			五日生化需氧量/(mg/L)	3.8
			总氮/(mg/L)	0.96
			粪大肠菌群/(MPN/L)	2400
海流兔河	海流兔1	Ⅲ	氨氮/(mg/L)	0.7665
	海流兔2	Ⅱ	氨氮/(mg/L)	0.461
纳林河	纳林1	Ⅲ	氨氮/(mg/L)	0.9955
			汞/(mg/L)	0.00004
	纳林2	Ⅲ	氨氮/(mg/L)	0.687
白河		Ⅲ	汞/(mg/L)	0.00007

毛乌素沙地评价的 6 个湖泊目前未划定水功能区，未开展常规水质监测，项目组 2021—2023 年期间实地采取水质样品进行化验，结果显示，湖泊 pH 值偏高，均大于 9，不适宜鱼类等水生生物生存，根据实地探测，湖泊在 4 月水位较低，水量补给较少，湖泊化学需氧量、五日生化需氧量和氟化物偏高，多数湖泊水质劣于Ⅴ类水质标准。评价湖泊各分区水质类别及最差水质项目统计见表 4.3-4。

表 4.3-4　　　　　　　　　　　　　　　评价湖泊各分区水质类别及最差水质项目统计

湖泊	分区	水质类别	最差水质项目	监测值/(mg/L)
红碱淖	红碱1	劣Ⅴ	高锰酸盐指数	17.2
			化学需氧量	76
			五日生化需氧量	25.4
			氟化物	4.07
	红碱2	劣Ⅴ	高锰酸盐指数	18.9
			化学需氧量	81
			五日生化需氧量	26.9
			氟化物	3.91
	红碱3	劣Ⅴ	化学需氧量	47
			五日生化需氧量	15.4
马奶湖	马奶1	Ⅴ	五日生化需氧量	8.4
	马奶2	Ⅴ	五日生化需氧量	9.3
	马奶3	Ⅴ	五日生化需氧量	9.8
	马奶4	Ⅴ	五日生化需氧量	9.0
哈达图淖	哈达图1	Ⅴ	五日生化需氧量	8.8
	哈达图2	Ⅴ	五日生化需氧量	8.5
	哈达图3	Ⅴ	五日生化需氧量	8.6
光明淖	光明1	Ⅴ	五日生化需氧量	6.3
	光明2	Ⅴ	五日生化需氧量	8.75
	光明3	Ⅴ	五日生化需氧量	6.6
哈塔兔淖	哈塔兔1	Ⅳ	高锰酸盐指数	6.7
			五日生化需氧量	5.85
			氟化物	1.48
	哈塔兔2	Ⅴ	五日生化需氧量	8.3
	哈塔兔3	Ⅳ	高锰酸盐指数	6.6
			五日生化需氧量	5.95
			氟化物	1.5
神海子	神海子1	劣Ⅴ	氟化物	1.51
	神海子2	劣Ⅴ	氟化物	1.53
	神海子3	Ⅴ	五日生化需氧量	9.15

4.3.4　湖泊营养状态

　　按照《地表水资源质量评价技术规程》（SL 395—2007）要求，湖泊营养状态评价项目应包括总磷、总氮、叶绿素 a、高锰酸盐指数和透明度，其中叶绿素 a 为必评项目。透明度采用塞式盘现场监测，叶绿素 a 用棕色瓶现场采样送有资质的检测实验室进行测试，总磷、总氮、高锰酸盐指数同水质监测项目数据。湖泊各分段湖泊营养状态评价项目监测数据见表 4.3-5。

表 4.3-5　　　　　　　　　红碱淖各分段湖泊营养状态评价项目监测数据

湖泊	湖区	总磷/(mg/L)	总氮/(mg/L)	叶绿素 a/(mg/L)	高锰酸盐指数/(mg/L)	透明度/m
红碱淖	红碱 1	0.02	0.45	0.002	6	0.84
	红碱 2	0.06	0.37	0.002	5.8	0.4
	红碱 3	0.02	0.4	0.002L	5.9	0.19
马奶湖	马奶 1	2.3	0.1	0.002L	7	0.65
	马奶 2	0.06	0.24	0.002L	7.2	0.85
	马奶 3	0.04	0.15	0.002L	7.3	0.75
	马奶 4	0.06	0.43	0.002L	8.85	40
哈达图淖	哈达图 1	0.09	0.51	0.002L	7.9	0.45
	哈达图 2	0.05	0.33	0.002L	41.7	0.4
	哈达图 3	0.05	0.45	0.002L	42.6	0.5
光明淖	光明 1	0.065	0.51	ND	7.4	0.44
	光明 2	0.09	0.545	ND	9.35	0.65
	光明 3	0.06	0.57	ND	6.95	0.28
哈塔兔淖	哈塔兔 1	0.04	0.595	ND	6.5	0.17
	哈塔兔 2	0.095	0.715	ND	8.35	0.18
	哈塔兔 3	0.1	0.68	ND	6.8	0.17
神海子	神海子 1	0.035	0.52	ND	10.85	0.44
	神海子 2	0.04	0.615	ND	9.9	0.33
	神海子 3	0.1	0.555	ND	9.85	0.42

注　L 为低于检出限，ND 为未检出。

按照《地表水资源质量评价技术规程》（SL 395—2007）中湖泊（水库）营养状态评价标准及分级方法，按照监测结果进行逐个监测项目评分，取多个监测项目的平均值作为湖泊营养状态指数。红碱淖各分段湖泊营养状态指数见表 4.3-6。

表 4.3-6　　　　　　　　　红碱淖各分段湖泊营养状态指数

湖泊	湖区	总磷	总氮	叶绿素 a	高锰酸盐指数	透明度	湖泊营养指数
红碱淖	红碱 1	36.67	47.5	30	55	53.2	44.47
	红碱 2	52.00	43.5	30	54.5	70	50.00
	红碱 3	36.67	45	10	54.75	91.25	47.53
马奶湖	马奶 1	70.75	30	10	57.5	57	45.05
	马奶 2	52.00	37	10	58	53	42.00
	马奶 3	46.00	32.5	10	58.25	55	40.35
	马奶 4	52.00	46.5	10	64.25	70	48.55

47

湖泊	湖区	总磷	总氮	叶绿素 a	高锰酸盐指数	透明度	湖泊营养指数
哈达图淖	哈达图 1	58.00	50.2	10	59.75	65	48.59
	哈达图 2	50.00	41.5	10	90.85	70	52.47
	哈达图 3	50.00	47.5	10	91.3	60	51.76
光明淖	光明 1	53.00	50.2	10	58.5	66	47.54
	光明 2	58.00	50.9	10	66.75	57	48.53
	光明 3	52.00	51.4	10	57.38	82	50.56
哈塔兔淖	哈塔兔 1	46.00	51.9	10	56.25	93.75	51.58
	哈塔兔 2	59.00	54.3	10	61.75	92.5	55.51
	哈塔兔 3	60.00	53.6	10	57	93.75	54.87
神海子	神海子 1	44.00	50.4	10	70.57	66	48.19
	神海子 2	46.00	52.3	10	69.5	77	50.96
	神海子 3	60.00	51.1	10	69.25	68	51.67

按照《地表水资源质量评价技术规程》（SL 395—2007）中湖泊营养状态指数分级标准，0≤营养状态指数（EI）≤20 处于贫营养状态，20＜EI≤50 处于中营养状态，50＜EI 处于富营养状态，富营养状态进一步细分为 50＜EI≤60 为轻度富营养状态，60＜EI≤80 为中度富营养状态，80＜EI≤100 为重度富营养状态。根据各湖泊计算的营养状态指数计算结果显示，红碱淖、马奶湖各湖区均处于中营养状态，哈达图淖、光明淖、哈塔兔淖、神海子部分湖区属于轻度富营养状态，光明淖总体处于中营养状态，哈达图淖、哈塔兔淖、神海子整体处于轻度富营养状态。

4.3.5 底泥污染状况

底泥污染状况主要针对底泥中重金属污染超标状况进行监测评估，经实地调查，河流中底泥基本为泥沙，不存在淤泥，该次仅对 6 个湖泊进行底泥污染状况监测，利用底泥采集器采集湖泊底泥，将采集底泥风干制备后，测定镉、汞、铅、铬、砷、铜、锌、镍等主要的重金属物质含量，同时测定底泥的 pH 值。湖泊底泥监测结果见表 4.3-7。

表 4.3-7　　　　　　　　　　湖泊底泥监测结果　　　　　　　　　单位：mg/kg

湖泊	湖区	pH 值	总镉	总汞	总铅	总铬	总砷	总铜	总锌	总镍
红碱淖	红碱 1	9.45	0.04	0.0033	23	136	4.49	4	53	18
	红碱 2	9.75	0.06	0.0586	19.2	28	2.81	4	29	14
	红碱 3	9.58	0.09	0.261	0.17	67	8.56	14	66	38
马奶湖	马奶 1	9.85	0.06	0.0861	18	6	3.06	10	29	17
	马奶 2	9.88	0.08	0.0491	26	4	3.71	11	44	29
	马奶 3	9.8	0.05	0.0213	35	4	2.77	11	54	36
	马奶 4	9.91	0.07	0.0123	24	16	3.87	8	60	22

湖泊	湖区	pH 值	总镉	总汞	总铅	总铬	总砷	总铜	总锌	总镍
哈达图淖	哈达图 1	9.8	0.08	0.0878	38	19	12.1	27	76	44
	哈达图 2	9.89	0.06	0.0644	37	19	12.9	21	66	38
	哈达图 3	10.28	0.04	0.148	34	3	3.21	12	49	33
光明淖	光明 1	10.2	0.0258	2.24	38.7	0.09	64	15	64	20
	光明 2	8.43	0.0188	3.91	38.4	0.12	75	15	73	20
	光明 3	9.61	0.0674	2.08	37.6	0.09	62	12	77	16
哈塔兔淖	哈塔兔 1	9.06	868	1.45	43.1	0.03	61	10	44	9
	哈塔兔 2	8.6	0.0903	2.54	37.8	0.08	68	10	37	9
	哈塔兔 3	9.35	0.0437	2.96	35.2	0.06	50	9	37	6
神海子	神海子 1	8.83	0.0411	1.97	20.8	0.07	65	7	33	12
	神海子 2	8.91	0.0928	2.58	30.2	0.05	70	8	33	22
	神海子 3	9.37	0.0769	3.1	37.2	0.11	78	10	38	14

按照《土壤环境质量农用地土壤污染风险管控标准（试行）》（GB 15618—2018）要求，所取底泥的 pH 值均在 7.5 以上，按照 pH>7.5 时土壤污染风险筛选值对比每一项监测项目站对应标准值的百分比进行评价，选取超标浓度最高的污染物倍数作为底泥污染指数。湖泊各分区底泥污染指数见表 4.3－8。各分区污染倍数均小于 1，不存在底泥污染情况。

表 4.3－8　　　　　　　　　　　湖泊各分区底泥污染指数

湖泊	湖区	底泥污染指数							
		总镉	总汞	总铅	总铬	总砷	总铜	总锌	总镍
pH>7.5 时土壤污染风险筛选值		0.6	3.4	170	250	25	100	300	190
红碱淖	红碱 1	0.07	0	0.14	0.54	0.18	0.04	0.18	0.09
	红碱 2	0.1	0.02	0.11	0.11	0.11	0.04	0.1	0.07
	红碱 3	0.15	0.08	0	0.27	0.34	0.14	0.22	0.2
马奶湖	马奶 1	0.1	0.03	0.11	0.02	0.12	0.1	0.1	0.09
	马奶 2	0.13	0.01	0.15	0.02	0.15	0.11	0.15	0.15
	马奶 3	0.08	0.01	0.21	0.02	0.11	0.11	0.18	0.19
	马奶 4	0.12	0	0.14	0.06	0.15	0.08	0.2	0.12
哈达图淖	哈达图 1	0.13	0.03	0.22	0.08	0.48	0.27	0.25	0.23
	哈达图 2	0.1	0.02	0.22	0.08	0.52	0.21	0.22	0.2
	哈达图 3	0.07	0.04	0.2	0.01	0.13	0.12	0.16	0.17

湖泊	湖区	底泥污染指数							
		总镉	总汞	总铅	总铬	总砷	总铜	总锌	总镍
光明淖	光明1	0.15	0.01	0.23	0.26	0.09	0.15	0.21	0.11
	光明2	0.2	0.01	0.23	0.3	0.16	0.15	0.24	0.11
	光明3	0.15	0.02	0.22	0.25	0.08	0.12	0.26	0.08
哈塔兔淖	哈塔兔1	0.05	0.03	0.25	0.24	0.06	0.1	0.15	0.05
	哈塔兔2	0.13	0.03	0.22	0.27	0.1	0.1	0.12	0.05
	哈塔兔3	0.1	0.01	0.21	0.2	0.12	0.09	0.12	0.03
神海子	神海子1	0.12	0.01	0.12	0.26	0.08	0.07	0.11	0.06
	神海子2	0.08	0.03	0.18	0.28	0.1	0.08	0.11	0.12
	神海子3	0.18	0.02	0.22	0.31	0.12	0.1	0.13	0.07

4.3.6　水体自净能力

选择水中溶解氧浓度衡量水体自净能力，溶解氧采样测定方法同水质状况监测，根据多次水质监测结果，采用不同季节溶解氧浓度监测结果的平均值评定水体自净能力。评估河湖各分段（区）不同季节溶解氧监测平均值见表4.3-9，评价河流溶解氧浓度较好，均在7.5mg/L以上，水体自净能力较好。湖泊溶解氧浓度稍差，从季度上来看，春季溶解氧浓度较夏季溶解氧含量高。

表4.3-9　　　　河湖各分段（区）不同季节溶解氧浓度监测平均值　　　　单位：mg/L

河流/湖泊	分段/分区	溶解氧浓度	河流/湖泊	分段/分区	溶解氧浓度
无定河	无定1	8.12	马奶湖	马奶4	9.3
	无定2	8.67	哈达图淖	哈达图1	8.9
	无定3	8.57		哈达图2	8.7
海流兔河	海流兔1	8.03		哈达图3	8.8
	海流兔2	7.96	光明淖	光明1	6.5
纳林河	纳林1	8.34		光明2	7.1
	纳林2	8.39		光明3	7.3
白河	白河	7.97	哈塔兔淖	哈塔兔1	6.3
红碱淖	红碱1	7.36		哈塔兔2	6.6
	红碱2	8.08		哈塔兔3	6.55
	红碱3	7.62	神海子	神海子1	7.45
马奶湖	马奶1	8.9		神海子2	6.85
	马奶2	9.5		神海子3	6.95
	马奶3	9.9			

4.4 生物指标监测

4.4.1 大型底栖无脊椎动物

1. 调查采样方法及要求

大型底栖动物在监测河段，共筛选布置 3 个监测断面，每一个监测断面设置深泓与左、右水边中间位置取样；对于每一个监测断面，则依据采样点的状况选择 D-型网或者 Peterson 采泥器进行采集。对于深泓水深小于 2m 的监测河段，用 D-型网沿着河流从下游向上游的方向，针对急流区、缓流区、静水区等多种生境类型采集混合样品，采集的时间不少于 5min；对于大型不可涉水河流，采用 Peterson 采泥器于每个采集点重复采集不少于 3 次，混合形成该样点的底栖动物样品。

采集利用 D-型网的尺寸为底边长 30cm，半径 20cm，网目的尺寸为 40 目；Peterson 采泥器的开口尺寸为 1/16m²。野外底栖动物采集完成后，仔细清洗采样工具，样品过 40 目网筛，现场进行样品的挑拣，将样品收入 1L 样品瓶中，加入浓度为 70%～80% 的乙醇或 7% 的甲醛进行固定后，带回实验室进一步进行细致挑拣。绝大多数的物种应鉴定到属或种。摇蚊幼虫尽量鉴定到属或者亚科，其他类群可依据现有分类文献与分类者的具体能力尽量鉴定至最低分类单元。

2. 调查结果

（1）无定河。无定河设置 3 个监测河段，共采集大型底栖动物 27 种，属于 5 门、6 纲、9 目、13 科、24 属，其中主要的优势类群为昆虫纲双翅目黑蝇科的黑蝇属、蜉蝣目的四节蜉属和双翅目的环足摇蚊属。其中昆虫纲为绝对优势类群，昆虫纲的密度达到了 2672 个/m²，其次甲壳纲为 85 个/m²，最低的为腹足纲，密度为 5 个/m²。

（2）海流兔河。海流兔河设置 2 个监测河段，共采集大型底栖动物 7 种，属于 3 门、5 纲、9 目、10 科、17 属，其中主要的优势类群为节肢动物门昆虫纲双翅目摇蚊科二叉摇蚊属。其中昆虫纲为绝对优势类群，密度为 523 个/m²，其次为寡毛纲密度为 16 个/m²，蛭纲、腹足纲、甲壳纲密度较低分别为 10.7 个/m²、5.3 个/m²、5.3 个/m²。

（3）纳林河。纳林河设置 2 个监测河段，共采集大型底栖动物 7 种，属于 4 门、6 纲、11 目、12 科、17 属，其中主要的优势类群为节肢动物门甲壳纲十足目匙指虾科米虾属。其中昆虫纲为绝对优势类群，密度为 150 个/m²，其次为甲壳纲密度为 107 个/m²，再次为寡毛纲和蛭纲密度为 53 个/m²，腹足纲和蛛形纲密度较低，分别为 16 个/m² 和 5 个/m²。

（4）白河。白河设置 1 个监测河段，共采集大型底栖动物 7 种，属于 1 门、2 纲、5 目、7 科、7 属，其中主要的优势类群为节肢动物门甲壳纲匙指虾科米虾属。其中甲壳纲为绝对优势类群，密度达到了 928 个/m²，昆虫纲密度较低仅为 37 个/m²。

（5）红碱淖。红碱淖设置 3 个监测湖区，共采集大型底栖动物 18 种，属于 1 门、1 纲、6 目、12 科、18 属，其中主要的优势类群为昆虫纲双翅目的笨毛突摇蚊、巴比刀突摇蚊，半翅目的小划蝽属一种。红碱淖调查的大型底栖动物全部为昆虫纲，其中双翅目的密度最高，为绝对优势类群，达到了 1029 个/m²，其次为半翅目，为 224 个/m²，蜉蝣目密度最低，为 5 个/m²。

（6）马奶湖。马奶湖设置 4 个监测湖区，共采集大型底栖动物 6 种，属于 2 门、2 纲、3 目、4 科、5 属。主要优势种群为白角多足摇蚊密度相对最高，达到了 80 个/m²，其次为长跗摇蚊，为 21.3 个/m²。

（7）哈达图淖。哈达图淖设置 3 个监测湖区，共采集大型底栖动物 6 种，属于 1 门、1 纲、3 目、4 科、6 属。哈达图淖大型底栖动物的弯铗摇蚊密度极高，达到了 1509 个/m²，其次为前突摇蚊和刺鞘芽甲虫，其密度均为 85 个/m²。

（8）光明淖。光明淖设置 3 个监测湖区，共采集大型底栖动物 5 种，属于 2 门、2 纲、5 目、5 科、7 属。其中主要的优势类群为节肢动物门昆虫纲鞘翅目鼓甲科刺鞘芽甲属，密度为 43 个/m²。其中昆虫纲为绝对优势类群，密度为 91 个/m²，腹足纲密度较低仅为 5 个/m²。

（9）哈塔兔淖。哈塔兔淖设置 3 个监测湖区，共采集大型底栖动物 9 种，属于 1 门、1 纲、4 目、6 科、9 属。其中主要的优势类群为节肢动物门昆虫纲双翅目摇蚊科长跗摇蚊属，密度为 59 个/m²。全部为昆虫纲，密度为 187 个/m²。

（10）神海子。神海子设置 3 个监测湖区，共采集大型底栖动物 11 种，属于 1 门、1 纲、5 目、7 科、11 属。其中主要的优势类群为节肢动物门昆虫纲蜻蜓目螅科，密度为 133 个/m²。全部为昆虫纲，密度为 512 个/m²。

毛乌素沙地主要河湖大型底栖无脊椎动物密度如图 4.4-1 所示，主要河流大型底栖无脊椎动物名录见表 4.4-1，主要湖泊大型底栖无脊椎动物名录见表 4.4-2。

3. 大型底栖无脊椎动物生物完整性指数计算

大型底栖无脊椎动物生物完整性指数（BIBI）通过对比参考点和受损点大型底栖无脊椎动物状况进行评价。基于候选指标库选取核心评价指标，对评价河湖大型底栖无脊椎动物调查数据按照评价参数分值计算方法，计算 BIBI 指数监测值，根据河湖所在水生态分区 BIBI 最佳期望值计算 BIBI 指标赋分。

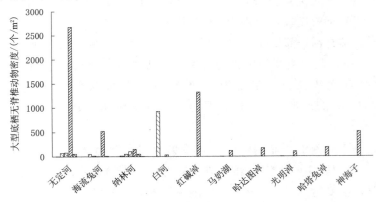

图 4.4-1　毛乌素沙地主要河湖大型底栖无脊椎动物密度

表 4.4－1　　毛乌素沙地主要河流大型底栖无脊椎动物名录

门	纲	目	科	属	种	拉丁名	无定河	海流兔河	纳林河	白河
节肢动物门	昆虫纲	双翅目	摇蚊科	摇蚊属	黄色羽摇蚊	*Chironomus flaviplumosus*	+	+		
					苍白摇蚊	*Chironomus pallidivittatus*	+			
				隐摇蚊	喙隐摇蚊	*Cryptochironomus rostratus*	+	+	+	
				二叉摇蚊属	叶二叉摇蚊	*Dicrotendipes lobifer*		+		
				雕翅摇蚊属	德永雕翅摇蚊	*Glyptotendipes tokunagai*	+	+		
				小摇蚊属	软铗小摇蚊	*Microchironomus tener*	+			
				小突摇蚊属	中禅小突摇蚊	*Micropsectra chuzeprima*			+	
				间摇蚊	白间摇蚊	*Paratendipes albimanus*	+		+	
				多足摇蚊属	白角多足摇蚊	*Polypedilum albicorne*		+		
					步行多足摇蚊	*Polypedilum pedestre*	+			
					梯形多足摇蚊	*Polypedilum scalaenum*	+			
				摇蚊属	苔流长跗摇蚊	*Rheotanytarsus muscicola*	+			
				斑摇蚊属	俊才斑摇蚊	*Stitochironomus juncaii*	+			
					齿斑摇蚊	*Stictochironomus sp.*				+
				长跗摇蚊属	长跗摇蚊一种	*Tanytarsus sp.*			+	
					长跗摇蚊 C 种	*Tanytarsus sp. C*			+	
				环足摇蚊属	白色环足摇蚊	*Cricotopus albiforceps*	+			
					三带环足摇蚊	*Cricotopus trifasciatus*	+	+	+	
				前突摇蚊属	前突摇蚊属 A 种	*Procaldius sp. A*			+	
					前突摇蚊属 C 种	*Procaldius sp. C*	+			
				长足摇蚊属	刺铗长足摇蚊	*Tanypus punctipennis*	+			
					长足摇蚊	*Tanypus sp.*				+
				蛹	蛹	*Chironomidae pupa*		+		
			蚋科	黑蝇属	黑蝇种	*Simulium sp.*	+			
		蜉蝣目	四节蜉科	四节蜉属	四节蜉属一种	*Baetis sp.*	+	+		+
			细蜉科	细蜉属	细蜉属一种	*Caenis sp.*	+		+	
		毛翅目	纹石蛾科	纹石蛾属	纹石蛾属一种	*Hydropsyche sp.*	+	+		
		半翅目	小划蝽科	小划蝽属	小划蝽属一种	*Micronecta sp.*			+	
		蜻蜓目	蟌科	异志蟌属	异志蟌一种	*Ischnura sp.*		+		+
			丝蟌科	丝蟌属	丝蟌属一种	*Lestes sp.*	+			
			蜻科	灰蜻属	灰蜻属一种	*Orthetrum sp.*	+			
			色蟌科	单脉色蟌属	单脉色蟌属一种	*Matrona sp.*	+			
		鞘翅目	鼓甲科	刺鞘芽甲	刺鞘芽甲一种	*Berosus sp.*		+		
			沼梭科		沼梭	*Hydrophilidae sp.*				+

门	纲	目	科	属	种	拉丁名	无定河	海流兔河	纳林河	白河
节肢动物门	蛛形纲	真螨目	真螨目	真螨目一种	真螨目一种	*Turbellaria spp.*			+	
	甲壳纲	十足目	匙虾科	米虾属	米虾属一种	*Caridina sp.*		+	+	+
			长臂虾科	沼虾属	沼虾属一种	*Macrobrachium sp.*	+			
		端足目	钩虾科	钩虾	钩虾属一种	*Gammarus sp.*	+		+	
环节动物门	蛭纲	吻蛭目	舌蛭科	舌蛭属	扁舌蛭	*Glossiphonia complanata*		+	+	
		颚蛭目	医蛭科	医蛭属	医蛭属一种	*Hirudo sp.*	+		+	
	寡毛纲	颤蚓目	颤蚓科	水丝蚓属	霍甫水丝蚓	*Limnodrilus hoffmeisteri*	+	+	+	
				尾鳃蚓属	苏氏尾鳃蚓	*Branchiura sowerbyi*	+			
			仙女虫科	仙女虫属	哑口仙女虫	*Nais elinguis*			+	
					简明仙女虫	*Nais simplex*			+	
软体动物门	腹足纲	基眼目	椎实螺科	萝卜螺属	椭圆萝卜螺	*Radix swinhoei*	+	+	+	
扁形动物门	涡虫纲	三肠目	三角涡虫科	三角涡虫	三角涡虫	*Dugesia japonica*			+	

注　"+"表示存在该种大型底栖无脊椎动物。

表 4.4-2　　　　　　　　毛乌素沙地主要湖泊大型底栖无脊椎动物名录

门	纲	目	科	属	种	拉丁名	红碱淖	马奶湖	哈达图淖	光明淖	哈塔兔淖	神海子
节肢动物门	昆虫纲	双翅目	摇蚊科	摇蚊属	黄色羽摇蚊	*Chironomus flaviplumosus*					+	
				隐摇蚊	喙隐摇蚊	*Cryptochironomus rostratus*				+	+	+
				弯铗摇蚊属	弯铗摇蚊种	*Cryptotendipes sp. A*				+		
				脊突摇蚊属	膜脊突摇蚊	*Cyphomella cornea*	+					
				雕翅摇蚊属	德永雕翅摇蚊	*Glyptotendipes tokunagai*	+					
				多足摇蚊属	白角多足摇蚊	*Polypedium albicorne*		+			+	
					梯形多足摇蚊	*Polypedium scalaenum*		+	+			
				萨摇蚊	瑞斯萨摇蚊	*Saetheria ressi*						+
				长跗摇蚊属	长跗摇蚊一种	*Tanytarsus sp.*					+	+
					长跗摇蚊 C 种	*Tanytarsus sp. C*			+			
				毛突摇蚊属	笨毛突摇蚊	*Chaetocladius piger*	+					
				环足摇蚊属	三带环足摇蚊	*Cricotopus trifasciatus*	+					
				刀突摇蚊	巴比刀突摇蚊	*Psetrocladius barbimanus*	+					

门	纲	目	科	属	种	拉丁名	红碱淖	马奶湖	哈达图淖	光明淖	哈塔兔淖	神海子
节肢动物门	昆虫纲	双翅目	摇蚊科	无突摇蚊属	费塔无突摇蚊	*Ablabesmyia phatta*	+					
				那塔摇蚊属	斑点纳塔摇蚊	*Natarsia punctata*	+					
				直突摇蚊属	联直突摇蚊	*Orthocaldius mixtus*						+
				前突摇蚊属	前突摇蚊属A种	*Procaldius sp. A*						+
					前突摇蚊属C种	*Procaldius sp. C*		+				
				流粗腹摇蚊属	斑点流粗腹摇蚊	*Rheopelopia maculipennis*						+
				蛹	蛹	*Chironomidae pupa*		+	+	+		
			蚋科	黑蝇属	黑蝇种	*Simulium sp*					+	
			虻科	虻属	虻种	*Tabanus sp.*					+	
			长足虻科	长足虻属	长足虻科一种	*Dolichopodidae sp.*		+				
			蠓科	贝蠓属	贝蠓种	*Bezzia sp.*	+				+	
			幽蚊科	幽蚊	幽蚊	*Chaobofidae*	+					
			Diptera	*Diptera*	*Diptera*	*Dipera spp.*						
		蜉蝣目	四节蜉科	四节蜉属	四节蜉属一种	*Baetis sp.*	+				+	+
			细蜉科	细蜉属	细蜉属一种	*Caenis sp.*					+	+
		毛翅目	长角石蛾科	长角石蛾属	长角石蛾一种	*Setodes sp.*				+		+
			螯石蛾科	竖毛螯石蛾	管石蛾一种	*Apsilochorema sp.*	+					
		半翅目	划蝽科	划蝽属	划蝽科一种	*Corixidae spp.*		+	+			
		蜻蜓目	蜓科	细腰蜓属	细腰蜓一种	*Boyeria sp.*	+					
			蟌科	*Ischnura*	*Ischnura*	*Ischnura sp.*				+	+	+
			丝蟌科	丝蟌属	丝蟌属一种	*Lestes sp.*	+					
			蜻科	灰蜻属	灰蜻属一种	*Orthetrum sp.*						+
		鞘翅目	叶甲科	*Donacia*	*Donacia*	*Donacia sp.*	+					
			鼓甲科	刺鞘芽甲	刺鞘芽甲一种	*Berosus sp.*	+		+		+	+
环节动物门	寡毛纲	颤蚓目	颤蚓科	水丝蚓属	霍甫水丝蚓	*Limnodrilus hoffmeisteri*		+				
软体动物门	腹足纲	基眼目	椎实螺科	萝卜螺属	椭圆萝卜螺	*Radix swinhoei*					+	

注 "+"表示存在该种大型底栖无脊椎动物。

（1）底栖无脊椎动物生物完整性核心指标及其评价标准。结合该次调查中对参照点和受损点的分析，同时基于当前国内外大型底栖动物生物完整性指数的研究进展和国内相关技术导则中推荐使用的评价参数，构建了适用于毛乌素沙地主要河流的底栖动物生物完整性核心指标及其评价标准，详见表 4.4-3。

表 4.4-3　　　　毛乌素沙地大型底栖动物生物完整性核心指标及其评价标准

核　心　参　数	溪流评价标准		湖泊评价标准	
	期望值	临界值	期望值	临界值
分类单元数（SR）	14	5.1	10.1	5.3
敏感类群分类单元数（EPTOD＊）	10.9	3.1	6.7	3.6
香农多样性指数（SHDI）	3	0	3	0
Berger-Parker 多样性指数（BP）	0.05	0.95	0.05	0.95
耐污敏感性指数（BMWP）	146	36	43	11
Hilsenhoff 耐污指数	3.9	8.5	5.5	8.8
生物污染 BPI 指数	5.0	0.1	—	—

＊　EPTOD 指主要的敏感类群包括蜉蝣目（Ephemeroptera）、襀翅目（Plecoptera）、毛翅目（Trichoptera）、蜻蜓目（Odonata）、双翅目（Diptera，不含摇蚊科）。

（2）BIBI 指标赋分结果。根据评价河流各分段监测成果计算 BIBI 监测值及确定的 BIBI 最佳期望值，计算 BIBI 指数赋分，各监测河段 BIBI 指数赋分详见表 4.4-4。

表 4.4-4　　　　评价河流各分段大型底栖无脊椎动物生物完整性指数赋分

河流（湖泊）名称	河段（湖区）	SR	EPTOD	SHDI	BP	BMWP	BI	BPI	BIBI 指数赋分
无定河	无定 1	85.71	73.39	100	70.63	24.66	64.14	16.56	62.2
	无定 2	42.86	45.87	78.86	71.74	15.07	37.71	22.65	44.97
	无定 3	100	100	86.62	50.4	45.21	75.54	15.88	70.13
海流兔河	海流兔 1	85.71	73.39	24	60	28.77	58.48	29.4	51.39
	海流兔 2	57.14	55.05	19.33	36.67	17.81	33.26	15.2	33.49
纳林河	纳林 1	71.43	18.35	28.33	77.78	25.34	64.78	12.4	42.63
	纳林 2	64.29	55.05	26.33	64.44	22.6	58.26	19.8	44.4
白河	白河 1	50	45.87	32.67	51.11	32.19	98.48	99.18	58.45
红碱淖	红碱 1	69.31	100	68.08	46.57	100	85.63		80.95
	红碱 2	79.21	89.55	83.53	43.59	79.07	25.64		66.76
	红碱 3	69.31	89.55	60.43	20.32	88.37	40.76		61.46
马奶湖	马奶 1	39.6	44.78	9.33	61.11	32.56	100		47.9
	马奶 2	19.8	29.85	16.67	50	13.95	93.94		37.37
	马奶 3	29.7	29.85	24.33	11.11	20.93	85.45		33.56
	马奶 4	9.9	14.93	33.33	0	6.98	93.94		26.51
哈达图淖	哈达图 1	19.8	29.85	18.67	31.11	13.95	100		35.56
	哈达图 2	19.8	29.85	16.67	47.78	13.95	100		38.01
	哈达图 3	49.5	44.78	25.33	8.89	48.84	98.79		46.02

河流（湖泊）名称	河段（湖区）	SR	EPTOD	SHDI	BP	BMWP	BI	BPI	*BIBI* 指数赋分
光明淖	光明1	59.41	59.7	24.67	62.22	69.77	100		62.63
	光明2	9.9	0	0	0	11.63	100		20.25
	光明3	19.8	29.85	16.67	50	20.93	81.82		36.51
哈塔兔淖	哈塔兔1	49.5	74.63	25	66.67	53.49	70		56.55
	哈塔兔2	19.8	14.93	8	10	18.6	97.27		28.1
	哈塔兔3	49.5	59.7	23.67	55.56	53.49	100		56.99
神海子	神海子1	89.11	119.4	24.67	65.56	113.95	100		85.45
	神海子2	49.5	59.7	26	68.89	65.12	100		61.54
	神海子3	39.6	44.78	23	61.11	48.84	100		52.89

4.4.2 鱼类调查

1. 调查采样方法及要求

对于深泓水深小于2m的可涉水河流，在监测河段选择100m左右的河段进行监测；对于大型河流，可按照监测河流长度为40倍河宽的要求确定监测河长，最大不超过500m作为监测河长；对于湖泊鱼类监测，采用随机样点布设的方法进行样点选择，选取前期开展过监测的区域进行样品采集，同时咨询当地渔业管理人员和渔民等，选择鱼类物种较为丰度的湖区（库区）进行监测样点的布设。

鱼类样品的监测和采集可以主要采用3层流刺网和地笼进行。监测时每个样点布设的刺网不少于3片，布设的地笼不少于3个，刺网和地笼布设的数量尽可能涵盖监测样点范围内的所有生境类型。应记录刺网和地笼放置时间，24h后收集刺网和地笼获取鱼类样品。对于没有条件进行监测的河湖，走访当地渔民、走访当地鱼市场和渔政部门等多种方式，收集当地鱼类资料。

样品采集后，在野外新鲜状态下，对采集到鱼类进行现场测量体长、全长和称重（个体数量较多的物种，可测量30尾；个体数量少于30尾的物种可全部测量），并按照鱼类分类学鉴定标准，同时对鱼类样品进行拍照，在统一的记录表格中统计并记录鱼类样品的物种和数量。测量并记录完成后，对可以鉴定到种的鱼类放归自然；对于现场不能鉴定的疑难种鱼类样品，用5%～10%的甲醛溶液（福尔马林溶液）进行固定，用纱布包裹覆盖（纱布可用甲醛溶液浸湿），防止表面风干，头尾颠倒放入采集箱中，带回实验室进一步鉴定。

2. 评价河流鱼类调查结果

（1）无定河。无定河鱼类调查共布设监测样点3个，共计采集到鱼类物种16种，隶属于4目、7科、14属。最优势物种为鲤科鲫属鲫，其次为鲤科雅罗鱼属瓦氏雅罗鱼，再次为鲤科棒花鱼属棒花鱼。瓦氏雅罗鱼和棒花鱼均为我国北方溪流主要的指示性鱼类，表明无定河目前受到的人类活动影响相对是较小的。鱼类群落主要优势类群全部为鲤科鱼类。

（2）海流兔河。海流兔河鱼类调查共布设监测样点2个，共采集到鱼类物种3种，隶属于1目、2科、2属，全部为鲤形目鲤科鱼类，优势物种为鲤科鲫属鲫，其次为鲤科大吻鳕属拉氏鳕，其余还有鳘。

（3）纳林河。纳林河鱼类调查共布设监测样点2个，共采集鱼类4种，隶属于1目、2科、4属，全部为鲤形目，最优势物种为鲤科鲫属鲫，其余有少量鲤科麦穗鱼属麦穗鱼、鲤科鳘属鳘和鳅科花鳅属中华花鳅。

（4）白河。白河鱼类调查共布设监测样点1个，共采集鱼类7种，隶属于3目、5科、7属，最优势物种为鲤科鲫属鲫，其次为鲤科大吻鳕属拉氏鳕，再次为颌针鱼目大颌鳉科青鳉，其余有少量鲤科鲫属鲫、鳅科花鳅属北方花鳅、鳅科泥鳅属泥鳅、条鳅科高原鳅属达里湖高原鳅和鲈形目沙塘鳢科小黄黝鱼属小黄黝鱼。

（5）红碱淖。红碱淖鱼类调查共布设监测样点3个，但均未采集到鱼类。经走访调查发现，周边有垂钓者能够钓到鲫鱼、草鱼和鲇。根据《黄河水系渔业资源》《陕西省渔业环境状况公报》等记载，并结合咨询神木县水产站等情况，20世纪80年代，红碱淖有14种鱼类，包括泥鳅、花鳅、达里湖高原鳅、马口鱼、大银鱼、草鱼、白鲢、鳙、鲤、鲫、瓦氏雅罗鱼、青鱼、麦穗鱼、虾虎鱼，其中以鲤鱼类为主。1958—1982年，25年来以1974年和1975年产量最高，平均亩产鱼3.6kg，1980年产量最低，平均亩产鱼0.15kg；2001年平均亩产鱼仅为0.47kg。目前红碱淖鱼类资源已基本枯竭，无捕捞量。

（6）马奶湖。马奶湖鱼类调查共布设监测样点4个，共采集到鱼类5种，分属于1目、2科、5属，全部为鲤形目，各种鱼类数量均较少，包括鲤科鲫属鲫、鲤科麦穗鱼属麦穗鱼、鲤科马口鱼属马口鱼、鲤科鳘属鳘和鳅科花鳅属中华花鳅。

（7）哈达图淖。哈达图淖鱼类调查共布设监测样点3个，共采集到鱼类物种4种，隶属于1目、1科、4属，全部为鲤科鱼类。有投放的鲤科鲫属鲫鱼、鲤属鲤鱼、草鱼属草鱼和鲢属鲢鱼。

（8）光明淖。光明淖鱼类调查共布设监测样点3个，仅采集到鱼类物种2种3尾，隶属于1目、2科、2属，为鲤形目条鳅科高原鳅属达里湖高原鳅和鲤科鲫属鲫鱼。

（9）哈塔兔淖。哈塔兔淖鱼类调查共布设监测样点3个，共采集到鱼类5种，隶属于1目、1科、5属，全部为鲤形目。最优势物种为鲤科鲫属鲫，其余鱼类较少为鲤科鲤属鲤鱼、人工放养鲢鱼、鳙鱼和草鱼。

（10）神海子。该次在神海子鱼类调查共布设监测样点2个，监测范围内未采集到鱼类。

毛乌素沙地主要河湖代表性鱼类如图4.4-2所示，河湖鱼类名录见表4.4-5。

3. 鱼类保有指数计算

该次调查期间系统收集和整理了黄河中游河段历史鱼类调查资料，按照李思忠《黄河鱼类志》的记载，中游分布的主要鱼类包括鲤、鲫、麦穗鱼、北方铜鱼、长须铜鱼、大鮈、吻鮈、花丁鮈、棒花鮈、小索氏鮈、瓦氏雅罗鱼、赤眼鳟、花鳅、金黄薄鳅、泥鳅、后鳍条鳅、鲇等17种，该次评价中所有河流鱼类监测点的鱼类期望值（O）为17种；按照《黄河水系渔业资源》《陕西省渔业环境状况公报》等记载，并结合咨询神木县水产站等情况，红碱淖历史分布的鱼类有14种，包括泥鳅、花鳅、达里湖高原鳅、马口鱼、大银鱼、

（a）鳑鲏　　　　　　　　　　　　　　　（b）达里湖高原鳅

（c）波氏吻虾虎　　　　　　　　　　　　（d）瓦氏雅罗

（e）黄颡鱼　　　　　　　　　　　　　　（f）麦穗鱼

（g）褐吻虾虎　　　　　　　　　　　　　（h）青鳉

图 4.4-2（一）　代表性鱼类

（i）棒花鱼　　　　　　　　　　　　（j）鲫鱼

图 4.4-2（二）　代表性鱼类

草鱼、白鲢、鳙、鲤、鲫、瓦氏雅罗鱼、青鱼、麦穗鱼、虾虎鱼等，因此该次湖泊评价鱼类的期望值定为 14 种。

按照各样点采集的鱼类物种观测值（E）剔除外来物种后，对期望值进行计算得到了各监测样点的鱼类保有指数，按照《河湖健康评价指南》的赋分标准，对各样点的赋分进行换算后，得到各监测样点的鱼类保有指数得分值（表 4.4-6）。各河湖除无定河外，其他河湖的鱼类保有指数均较低，鱼类保有指数赋分除无定河达到非常健康水平，其余河湖均较差。

4.4.3　水生植物群落及盖度

1. 调查采样方法及要求

大型水生维管束植物的监测，以定性监测和定量监测相结合的方式开展。对于定量监测，用水草定量夹进行覆盖度采集和监测，监测时完全开口时网的各边长 50cm，面积共计为 0.25m²。尼龙网长 90cm 左右，网孔大小为 3.3cm × 3.3cm。在可涉水河段，河水较浅，采样人员可穿衩裤直接站到河道中，在样方四个角插入 4 根标杆并用绳子连接，围成一个样方，在样方内的植被包括地下的根茎全部拔起，洗干净后进行称重、分选和标号的工作。

同时用水下镰刀采集深水区沉水植物，鉴定大型水生植物种类。在监测区域沿河道步行约 1km，记录河道中出现的水生植物种类和覆盖度。对于可直接鉴定的标本，可以现场进行直接鉴定，记录其物种名称、覆盖度和其他需要的生物参数等。

对于无法直接鉴定的物种，在采集到的样品中，选择较完整的植物体，剪除枯枝叶及多余部分，用平头镊子将枝、叶、花各部分展开，整齐自然地放在吸水纸上。如果叶片有明显的背腹差异，应把部分叶片翻转使其背面向上。枝条较长者要适当折转后铺放。有些粗厚的果实或地下茎，可剖开压放或摘除后另行处理。个体较大的植物，可选择具有分类特性的部分进行压制。对枝叶纤细、质地柔软的植物，应将单株植物体放入水中，整形后依其自然形态用玻璃板或白铁板轻轻托出水面，滴去积水放吸水纸上。在标本上面盖 1 层纱布和 2～3 层吸水纸，最后将若干夹有标本的吸水纸叠放一起，置标本夹（上下两片木

表 4.4-5

毛乌素沙地主要河湖鱼类名录

目	科	属	中文名	拉丁名	无定河	海流兔河	纳林河	白河	红碱淖	马奶湖	哈达图淖	光明淖	哈塔兔淖	神海子
颌针鱼目	大颌鳉科	青鳉属	青鳉	*Oryzias latipes*	+									
鲤形目	鲤科	棒花鱼属	棒花鱼	*Abbottina rivularis*	+			+						
		鲫属	鲫鱼	*Carassius auratus*	+	+	+	+	+	+	+		+	
		鲤属	鲤鱼	*Cyprinus carpio*	+						+		+	
		麦穗鱼属	麦穗鱼	*Pseudorasbora parva*	+		+			+				
		雅罗鱼属	瓦氏雅罗鱼	*Leuciscus waleckii*	+									
		大吻鱥属	拉氏鱥	*Rhynchocypris lagowskii*	+			+						
		马口鱼属	马口鱼	*Opsariichthys uncirostris*						+				
		鲞属	鲞	*Hemiculter leucisculus*		+	+			+				
		鲢属	鲢鱼	*Hypophthalmichthys molitrix*							+		+	
		鳙属	鳙	*Aristichthys nobilis*					+		+		+	
		草鱼属	草鱼	*Ctenopharyngodon idella*			+			+				
		鳑鲏属	中华鳑鲏	*Rhodeus sinensis*	+									
	鳅科	花鳅属	北方花鳅	*Cobitis granoei*	+			+						
			中华花鳅	*Cobitis sinensis*	+									
		泥鳅属	泥鳅	*Misgurnus anguillicaudatus*	+			+						
	条鳅科	高原鳅属	达里湖高原鳅	*Triplophysa dalaica*	+			+				+		
鲈形目	虾虎鱼科	吻虾虎鱼属	波氏吻虾虎鱼	*Rhinogobius cliffordpopei*	+									
			褐吻虾虎鱼	*Rhinogobius brunneus*	+									
			子陵吻虾虎鱼	*Rhinogobius giurinus*	+									
	沙塘鳢科	小黄黝鱼属	小黄黝鱼	*Micropercops swinhonis*	+			+						
鲇形目	鲿科	黄颡鱼属	黄颡鱼	*Pelteobagrus fulvidraco*	+				+					
	鲇科	鲇属	鲇鱼	*Silurus asotus*	+									

注："+"表示存在该种鱼类。

表 4.4-6　　　　　　　　　　　　　　　　鱼类保有指数及赋分值

河湖名称	鱼类物种观测值	鱼类物种期望值	鱼类保有指数	鱼类保有指数赋分值
无定河	16	17	94.12	92.16
海流兔河	3	17	17.65	7.06
纳林河	4	17	23.53	9.41
白河	7	17	41.18	22.94
红碱淖	3	14	21.43	8.57
马奶湖	5	14	35.71	18.57
哈达图淖	4	14	28.57	12.86
光明淖	2	14	14.29	5.72
哈塔兔淖	5	14	35.71	18.57
神海子	0	14	0	0.00

制夹板）中，用绳捆紧加速定形和吸水。前 3 天应每天换纸和纱布 2 次，其后每天 1 次，约 1 周后可完全干燥。干燥成形的标本取出后，夹在干纸中间或用纸条粘在卡片纸上。

2. 水生植物调查结果

（1）无定河。无定河大型水生植物群落的种类主要以挺水植物和沉水植物为主。其中沉水植物的种类较丰富，包括了金鱼藻、水葱、菹草、篦齿眼子菜和大茨藻，挺水植物主要为香蒲。无定河不同调查河段沉水植物和挺水植物的分布极不均匀，但相比于其他河流，无定河的沉水＋挺水植物的覆盖度均比较高，达到了 30％～80％，平均为 50％。

（2）红碱淖。大型水生植物群落的种类主要以沉水植物为主，沉水植物的种类较为单一，主要为篦齿眼子菜。红碱淖调查区域沉水植物的覆盖度在不同调查区域的差异性较大，植被盖度从 2％～20％不等，岸边盖度较高，越向湖心方向植被覆盖度越低，红碱 1 植被覆盖度约为 20％，红碱 2 植被覆盖度为 2％，红碱 3 植被覆盖度为 5％。

（3）马奶湖。经现场调查，马奶湖内基本无大型水生植物。

（4）哈达图淖。经调查，哈达图淖调查区域大型水生植物的覆盖度在不同调查区域的差异性较大，哈 1 和哈 2 均无水生植物，哈 3 水生植物主要为挺水植物芦苇，植被盖度约为 5％。

（5）光明淖。光明淖大型水生植物群落主要以挺水植物为主，现场勘查和调查期间，主要优势类群分别为芦苇 10％、篦齿眼子菜 12％。

（6）哈塔兔淖。哈塔兔淖大型水生植物群落主要以挺水植物为主，现场勘查和调查期间，主要优势类群分别为芦苇 20％。

（7）神海子。神海子大型水生植物群落主要以挺水植物为主，现场勘查和调查期间，主要优势类群分别为芦苇 20％、篦齿眼子菜 5％。

3. 大型水生植物群落状况及盖度评估结果

河流采用大型水生植物群落状况进行评价，按照该次调查期间对各条河流及其监测样点的水生植物分布状况来看，鄂尔多斯市级河湖的水生植物主要以挺水植物和沉水植物为主，但种类相对较少，沉水植物物种最多的样点仅为 4 种。水生植物的覆盖度部分河段高达 80%，但多数河流为 10% 以内。

最终评价结果表明评价区域的水生植物群落总体状况较差，除无定河得分相对较高外，其余河段的植被覆盖度低，且多仅有 1～2 种水生植物存在。河流水生植物群落状况赋分值详见表 4.4-7。湖泊大型水生植物覆盖度赋分值详见表 4.4-8。

表 4.4-7 河流水生植物群落状况赋分值

河流名称	河段	水生植物类群			赋分
		种类数	水草种类	覆盖度/%	
无定河	无定 1	4	金鱼藻、水葱、菹草、篦齿眼子菜	30	70
	无定 2	3	菹草、篦齿眼子菜、香蒲	80	100
	无定 3	5	金鱼藻、篦齿眼子菜、香蒲、菹草、茨藻	40	75
海流兔河	海流兔 1	4	芦苇、荸荠、大茨藻、小眼子菜	45	77.5
	海流兔 2	2	芦苇、菹草	85	100
纳林河	纳林 1	2	芦苇、穗花狐尾藻	85	100
	纳林 2	3	荸荠、香蒲、芦苇	35	72.5
白河	白河 1	3	篦齿眼子菜、芦苇、水绵	80	100

表 4.4-8 湖泊大型水生植物覆盖度赋分值

湖泊名称	湖区	水生植物类群			赋分
		种类数	水草种类	覆盖度/%	
红碱淖	红碱 1	1	篦齿眼子菜	20	33.3
	红碱 2	1	篦齿眼子菜	2	5.0
	红碱 3	1	篦齿眼子菜	5	12.5
马奶湖	马奶 1	0	无	0	0
	马奶 2	0	无	0	0
	马奶 3	0	无	0	0
	马奶 4	0	无	0	0
哈达图淖	哈达图 1	0	无	0	0
	哈达图 2	0	无	0	0
	哈达图 3	1	芦苇	5	12.5
光明淖	光明 1	2	芦苇、篦齿眼子菜	20	33.3
	光明 2	1	篦齿眼子菜	15	29.2
	光明 3	0	无	0	0
哈塔兔淖	哈塔兔 1	1	芦苇	15	29.2
	哈塔兔 2	1	芦苇	20	33.3
	哈塔兔 3	1	芦苇	35	45.8
神海子	神海子 1	1	芦苇	20	33.3
	神海子 2	2	篦齿眼子菜、芦苇	25	37.5
	神海子 3	1	芦苇	15	29.2

4.4.4 浮游植物

1. 调查采样方法及要求

浮游植物采样取样应根据水深进行分层取样。水深小于2m，在采样垂线上水面下0.5m设置一个采样点；透明度很小，在下层增设1个采样点，并与水面下0.5m样混合制成混合样。水深在2～5m，在水面下0.5m、2m、4m处分别设置采样点，混合制成混合样。水深大于5m，在水面下0.5m、透明度0.5倍处、1倍处、1.5倍处、2.5倍处、3倍处分别设置采样点，制成混合样。

浮游植物采样定量取样工具为2.5L采水器。浮游植物和小型浮游动物采样样品立即用鲁哥氏液固定，杀死水样中的浮游植物和其他生物。

样品带回实验室后，放在稳定的实验台上，静置48h。用细小虹吸管小心吸取上层清液，并根据样品沉淀和瓶体扰动的情况，继续沉淀时间24～36h，逐步移去上清液，将沉淀后的样品置入50mL标本瓶中，再用少许纯水冲洗容器2～3次，最后定容到50mL。

浮游植物的计数方法采用目镜视野法进行，采用0.1mL浮游生物计数框，均匀抽取0.1mL水样进行鉴定及计数。对于优势物种和常见物种，一般鉴定到种或属。小型浮游动物主要指原生动物和轮虫，其计数方法与浮游植物类似，采用目镜视野法进行，采用0.1mL浮游生物计数框，均匀抽取0.1mL水样进行鉴定及计数，一般鉴定到种或属。

2. 红碱淖浮游植物调查结果

红碱淖布设的3个监测调查样点共采集浮游植物41种，共属于4门、6纲、12目、16科、30属，主要优势物种为蓝藻门细小平裂藻、硅藻门的最小舟形藻、绿藻门的双对栅藻。其中蓝藻门的总密度最高，达到1924万个/L，其次为硅藻门，达到265万个/L，再次为绿藻门，达到163万个/L，裸藻门密度均最低，仅为4万个/L。

3. 马奶湖浮游植物调查结果

马奶湖布设的4个监测调查样点共采集浮游植物58种，共属于6门、9纲、18目、27科、42属，从各类群的组成来看，主要的优势类群为蓝藻门。蓝藻门总密度达到了12345万个/L，主要优势物种为微囊藻和细小隐球藻，其中微囊藻为绝对优势类群，该物种在马奶3样点的密度最高，达到4423万个/L，全湖平均密度达到了2952万个/L；其次为绿藻门，密度为381万个/L；再次为硅藻门，密度为350万个/L；隐藻门密度均最低，仅为16万个/L。

4. 哈达图淖浮游植物调查结果

哈达图淖布设的3个监测调查样点共采集浮游植物32种，共属于5门、7纲、11目、15科、26属，主要的优势类群为蓝藻门。蓝藻门总密度达到了732万个/L，主要优势物种为微囊藻和螺旋长孢藻，二者的密度较为接近，该物种均在哈达图3样点的密度最高，分别达到了311万个/L和264万个/L；其次为绿藻门，密度达到33万个/L；再次为硅藻门，密度为 21 万个/L；裸藻门密度均最低，仅为 1 万个/L。

5. 光明淖浮游植物调查结果

光明淖布设的 3 个监测调查样点共采集浮游植物 101 种，共属于 6 门、7 纲、18 目、35 科、59 属，主要的优势类群为硅藻门和绿藻门。硅藻门的总密度最高，达到了 433 万个/L，主要优势物种为弯形弯楔藻，该物种在光明 3 样点的密度最高，达到了 25 万个/L；其次为绿藻门，达到 365 万个/L，绿藻门优势类群为丛毛微孢藻，在光明 2 样点的密度最高，达到 178 万个/L；再次为蓝藻门，密度为 337 万个/L，甲藻门密度 17.5 万个/L，隐藻门密度为 17 万个/L，裸藻门密度为 9 万个/L。

6. 哈塔兔淖浮游植物调查结果

哈塔兔淖布设的 3 个监测调查样点共采集浮游植物 58 种，共属于 6 门、8 纲、15 目、26 科、41 属，主要的优势类群为蓝藻门。蓝藻门总密度达到了 4969 万个/L，主要优势物种为阿氏拟鱼腥藻，该物种在哈塔兔 3 样点的密度最高，达到 1718 万个/L；其次为绿藻门，密度为 2041 万个/L；再次为硅藻门，密度为 658 万个/L，裸藻门密度为 161 万个/L，隐藻门密度为 39 万个/L，甲藻门密度均最低，仅为 4 万个/L。

7. 神海子浮游植物调查结果

神海子布设的 3 个监测调查样点共采集浮游植物 31 种，共属于 6 门、7 纲、12 目、20 科、24 属，主要优势物种为蓝藻门的物种。蓝藻门的总密度最高，达到了 1369 万个/L，主要优势物种为银灰平裂藻，该物种均在神海子 1 样点的密度最高，达到了 494 万个/L；其次为绿藻门，达到 261 万个/L；再次为硅藻门，密度为 27 万个/L，甲藻门密度为 10 万个/L；隐藻门和裸藻门密度均最低，仅为 1 万个/L。

各评价湖泊浮游植物密度如图 4.4-3 所示，浮游植物名录见表 4.4-9。

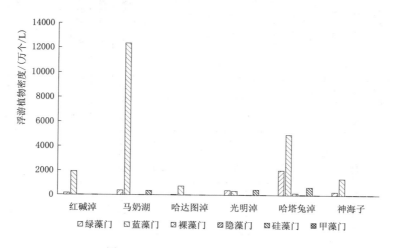

图 4.4-3　主要河湖浮游植物密度

从 6 个湖泊藻类调查的状况，光明淖的总体藻类密度最低，其得分最高。神海子和哈塔兔淖总体上富营养化状况问题比较严重，各样点的得分都比较低，详见表 4.4-10。

表 4.4-9

毛乌素沙地主要湖泊浮游植物名录

门	纲	目	科	属	中文名	拉丁名	红碱淖	马奶湖	哈达图淖	光明淖	哈塔兔淖	神海子
硅藻门	羽纹纲	单壳藻目	曲壳藻科	卵形藻属	扁圆卵形藻	Cocconeis placentula	+					
				曲壳藻属	短小曲壳藻	Achnanthes exigua	+	+		+		
				弯楔藻属	弯形弯楔藻	Rhoicosphenia curvata				+		
		短壳缝目	短缝藻科	短缝藻属	短缝藻	Eunotia sp.		+				
		管壳缝目	窗纹藻科	窗纹藻属	光亮窗纹藻	Epithemia argus				+		
				棒杆藻属	弯棒杆藻	Rhopalodia gibba				+	+	
			菱形藻科	菱形藻属	谷皮菱形藻	Nitzschia palea	+			+	+	
					碎片菱形藻	Nitzschia frustulum				+		+
					菱形藻一种	Nitzschia sp.	+	+				
					针形菱形藻	Nitzschia acicularis				+	+	
					近线形菱形藻	Nitzschia sublinearis				+	+	
					泉生菱形藻	Nitzschia fonticola	+			+		
			双菱藻科	双菱藻属	卵形双菱藻	Surirella ovata		+			+	
		拟壳缝目	短缝藻科	短缝藻属	短缝藻	Eunotia sp.				+		
					月形短缝藻	Eunotia lunaris				+	+	
					弧形短缝藻	Eunotia arcus				+		
		双壳藻目	桥弯藻科	桥弯藻属	极小桥弯藻	Cymbella perpusilla	+	+		+		
					桥弯藻	Cymbella sp.				+	+	
					优美桥弯藻	Cymbella delicatula				+	+	
					偏肿桥弯藻	Cymbella ventricosa				+		
					细小桥弯藻	Cymbella pusilla						+
					箱形桥弯藻	Cymbella cistula	+				+	
					尖头桥弯藻	Cymbella cuspidate	+					
					纤细桥弯藻	Cymbella gracillis	+					

门	纲	目	科	属	中文名	拉丁名	红碱淖	马奶湖	哈达图淖	光明淖	哈塔兔淖	神海子
硅藻门	羽纹纲	双壳缝目	桥弯藻科	双眉藻属	卵圆双眉藻	*Amphora ovalis*		+				
			异级藻科	异级藻属	异级藻	*Gomphonema sp.*				+	+	
					短纹异极藻	*Gomphonema abbreviatum*				+		
					橄榄绿异级藻	*Gomphonema olivaceum*		+		+		
				辐节藻属	尖头辐节藻	*Stauroneis acuta*	+					
					双头辐节藻	*Stauroneis smithii*	+	+			+	
				布纹藻属	尖布纹藻	*Gyrosigma acuminatum*					+	
				茧形藻属	茧形藻	*Amphiprora sp.*		+				
				茧形藻属	翼茧形藻	*Amphiprora alata*				+		
				助缝藻属	普通助缝藻	*Frustulia vulgaris*	+			+	+	
				双壁藻	卵圆双壁藻	*Diploneis ovalis*	+					
				羽纹藻属	北方羽纹藻	*Pinnularia borealis*	+					
					大羽纹藻	*Pinnularia major*			+			
			舟形藻科	长篦藻属	不定长篦藻	*Neidium dubium*	+					
				舟形藻属	短小舟形藻	*Navicula exigua*	+					
					微型舟形藻	*Navicula minima*		+		+	+	+
					双头舟形藻	*Navicula dicephala*		+		+	+	
					喙头舟形藻	*Navicula rhynchocephala*	+			+	+	+
					尖头舟形藻赫里保变种	*Cymbella cuspidata var. heribaudii*	+					
					简单舟形藻	*Navicula simples*	+		+			
					舟形藻	*Navicula sp.*	+	+		+		
					极细舟形藻	*Navicula subtilissima*					+	
					小型舟形藻	*Navicula minuscula*		+	+	+		
					线形舟形藻	*Navicula gracioides*		+			+	+
					瞳孔舟形藻	*Navicula pupula*				+		
					最小舟形藻	*Navicula minima*	+	+	+			+

门	纲	目	科	属	中文名	拉丁名	红碱淖	马奶湖	哈达图淖	光明淖	哈塔兔淖	神海子
硅藻门	羽纹纲	无壳缝目	脆杆藻科	平板藻属	窗格平板藻	*Tabellaria fenestrata*	+					
				针杆藻属	尖针杆藻	*Synedra acus*	+	+				
					针杆藻	*Synedra sp.*	+	+	+	+	+	
					爆裂针杆藻	*Synedra rumpens*				+	+	
					尖针杆藻	*Synedra acus*		+		+	+	+
					平片针杆藻	*Synedra tabulata*					+	
					肘状针杆藻	*Synedra ulna*	+					
			脆杆藻科		肘状针杆藻缢缩变种	*Synedra ulna var. constracta*	+			+	+	
				脆杆藻属	中型脆杆藻	*Fragilaria intermedia*				+	+	
					十字形脆杆藻	*Fragilaria harrissonii*			+			
					短线脆杆藻	*Fragilaria brevistriata*		+				
	中心纲	圆筛藻目	圆筛藻科	小环藻属	小环藻	*Cyclotella sp.*	+	+		+	+	+
				冠盘藻属	冠盘藻	*Stephanodiscus sp.*		+		+	+	
				直链藻属	颗粒直链藻极狭变种	*Melosira gramulata var. angustissima*			+			
			盒形藻科	四棘藻属	扎卡四棘藻	*Attheya Zachariasi*				+	+	
甲藻门	甲藻纲	裸甲藻目	裸甲藻科	薄甲藻属	薄甲藻	*Glenodinium pulvisculus*		+				
		多甲藻目	多甲藻科	多甲藻属	带多甲藻	*Peridinium zonatum*		+				
				多甲藻属	二角多甲藻	*Peridinium bipes*				+	+	
			裸甲藻科	薄甲藻属	薄甲藻	*Glenodinium pulvisculus*					+	
				裸甲藻属	裸甲藻	*Gymnodinium aeruginosum*				+	+	
蓝藻门	蓝藻纲	颤藻目	颤藻科	颤藻属	颤藻	*Oscillatoria sp.*	+		+		+	+
				浮丝藻	小席藻	*Phormidium tenue*		+	+	+	+	+
				浮丝藻	席藻	*Phormidium sp.*		+	+	+	+	
				螺旋藻属	浮丝藻	*Planktothrix sp.*			+			
					螺旋藻	*Spirulina sp.*	+					+

68

门	纲	目	科	属	中文名	拉丁名	红碱淖	马奶湖	哈达图淖	光明淖	哈塔兔淖	神海子
蓝藻门	蓝藻纲	颤藻目	伪鱼腥藻科	伪鱼腥藻属	伪鱼腥藻	*Pseudanabaena sp.*		+			+	+
				细鞘丝藻属	细鞘丝藻	*Leptolyngbya sp.*			+	+	+	+
		念珠藻目	念珠藻科	拟鱼腥藻属	阿氏拟鱼腥藻	*Anabaenopsis arnoldii*			+	+	+	
				念珠藻属	念珠藻	*Nostoc sp.*					+	+
				小尖头藻属	中华小尖头藻	*Raphidiopsis sinensia*		+	+	+		+
				柱孢藻属	柱孢藻	*Cylindrospermum sp.*				+	+	+
				长孢藻属	长孢藻	*Dolichospermum sp.*		+	+	+		
					螺旋长孢藻	*Dolichospermum spiroides*					+	
			伪枝藻科	伪枝藻属	伪枝藻	*Scytonema sp.*			+	+		
		色球藻目	平裂藻科	欧式藻属	密胞欧式藻	*Woronichinia compacta*		+				+
				平裂藻属	优美平裂藻	*Merismopedia elegans*						+
					银灰平裂藻	*Merismopedia glauca*				+		
			微囊藻科	集胞藻属	大型集胞藻	*Synechocystis crassa*		+				
				立方藻属	高山立方藻	*Eucapsis alpina*						+
			色球藻科	色球藻属	色球藻	*Chroococcus sp.*			+	+	+	
				微囊藻属	微囊藻	*Microcystis sp.*			+			
				蓝纤维藻属	蓝纤维藻	*Dactylococcopsis elachista*		+		+	+	
				隐球藻属	细小隐球藻	*Aphanocapsa elachista*						
					隐球藻	*Aphanocapsa sp.*		+	+		+	+
					高氏隐球藻	*Aphanocapsa koordersii*		+				
裸藻门	裸藻纲	裸藻目	裸藻科	扁裸藻属	扁裸藻	*Phacus sp.*			+	+	+	+
					梨形扁裸藻	*Phacus pyrum*			+	+	+	
					弯曲扁裸藻	*Phacus inflexus*					+	
					粒形扁裸藻	*Phacus granum*				+		
				裸藻属	尖尾扁裸藻	*Phacus acuminatus*		+			+	
					鱼形裸藻	*Euglena pisciformis*		+		+	+	

门	纲	目	科	属	中文名	拉丁名	红碱淖	马奶湖	哈达图淖	光明淖	哈塔兔淖	神海子
	接合藻纲	鼓藻目	鼓藻科	鼓藻属	扁鼓藻	*Cosmarium depressum*		+		+	+	
					光泽鼓藻	*Cosmarium candianum*				+		+
					颗粒鼓藻	*Cosmarium granatum*				+		
					光滑鼓藻	*Cosmarium laeve*				+	+	+
					凹凸鼓藻	*Cosmarium impressulum*		+				+
				新月藻属	纤细新月藻	*Closterium gracile*		+			+	
				角星鼓藻属	角星鼓藻	*Staurastrum sp.*		+			+	
		刚毛藻目	刚毛藻科	刚毛藻属	刚毛藻	*Cladophora sp.*			+			
绿藻门	绿藻纲	绿球藻目	空星藻科	空星藻属	小空星藻	*Coelastrum microporum*				+		
			绿球藻科	多芒藻属	疏刺多芒藻	*Golenkinia paucispina*						+
			卵囊藻科	卵囊藻属	卵囊藻	*Oocystis sp.*		+	+			
					单生卵囊藻	*Oocystis solitaria*			+			
					湖生卵囊藻	*Oocystis lacustris*		+		+		
				小箍藻属	网纹小箍藻	*Trochiscia reticularis*		+			+	
				纤维藻属	镰形纤维奇异变种	*Ankistrodesmus falcatus var. mirabilis*		+	+			
			水网藻科	盘星藻属	二角盘星藻大孔变种	*Pediastrum duplex var. clathratum*		+				
					双射盘星藻	*Pediastrum biradiatum*		+				
			网球藻科	网球藻属	美丽网球藻	*Dictyosphaerium pulchellum*			+	+		
				畸形藻属	畸形藻	*Kirchneriella sp.*		+				
			小球藻科	四角藻属	微小四角藻	*Tetraedron minimum*					+	
					三叶四角藻	*Tetraedron trilobulatum*		+		+	+	
				小球藻属	小球藻	*Chlorella vulgaris*		+		+	+	
			小桩藻科	弓形藻属	弓形藻	*Schroederia setigera*				+	+	
					螺旋弓形藻	*Schroederia spiralis*				+	+	
					拟菱形弓形藻	*Schroederia nitzschioides*				+	+	

门	纲	目	科	属	中文名	拉丁名	红碱淖	马奶湖	哈达图淖	光明淖	哈塔兔淖	神海子
绿藻门	绿藻纲	绿球藻目	栅藻科	韦斯藻属	丛球韦斯藻	*Westella botryoides*		+				
				集星藻属	集星藻	*Actinastrum hantzschii*					+	
				栅藻属	二形栅藻	*Scenedesmus dimorphus*				+		
					双对栅藻	*Scenedesmus bijuga*			+	+	+	+
					四尾栅藻	*Scenedesmus quadricauda*		+			+	+
					龙骨栅藻	*Scenedesmus carinatus*					+	
		丝藻目	丝藻科	裂丝藻属	杆裂丝藻	*Stichococcus bacillaris*					+	
		四孢藻目	微孢藻科	微孢藻属	丛毛微孢藻	*Microspora floccosa*				+		
			胶球藻科	纺锤藻属	纺锤藻	*Elakatothrix gelatinosa*					+	
		团藻目	衣藻科	衣藻属	衣藻	*Chlamydomonas sp.*		+		+		
				拟衣藻属	拟衣藻	*Chloromonas sp.*		+	+			
			团藻科	实球藻属	实球藻	*Pandorina morum*		+		+		
	双星藻纲	双星藻目	双星藻科	转板藻属	转板藻	*Mougeotia sp.*		+		+		+
				水绵属	水绵	*Spirogyra sp.*					+	
隐藻门	隐藻纲		隐鞭藻科	蓝隐藻属	尖尾蓝隐藻	*Cryptomonas acuta*		+		+	+	
				逗隐藻属	具尾逗隐藻	*Komma caudata*		+	+	+	+	
				隐藻属	啮蚀隐藻	*Cryptomonas erosa*		+	+	+	+	
					卵形隐藻	*Cryptomonas ovata*		+	+	+	+	+

注 "+"表示存在该种浮游植物。

71

表 4.4－10　　　　　　　　　　　　　　　评价湖泊浮游植物密度及赋分情况

湖泊	分区	藻类密度/(万个/L)	赋分
红碱淖	红碱1	18	100.00
	红碱2	3	100.00
	红碱3	26	100.00
马奶湖	马奶1	1541	22.79
	马奶2	3735	5.06
	马奶3	4601	1.60
	马奶4	3296	20.00
哈达图淖	哈达图1	14	100.00
	哈达图2	47	97.08
	哈达图3	732	35.36
光明淖	光明1	188	61.80
	光明2	522	39.56
	光明3	469	42.07
哈塔兔淖	哈塔兔1	1705	20.60
	哈塔兔2	1939	17.48
	哈塔兔3	4228	3.09
神海子	神海子1	723	35.54
	神海子2	423	45.13
	神海子3	524	39.52

4.4.5　水鸟状况

根据红碱淖分区，采用样点法进行观测，在半径约为300m的区域内，选择3个样点对范围内鸟类各进行1次调查。用20～60倍变焦、物镜口径82mm的光学单筒望远镜观察并记录鸟类的种类、数量等，平均每个样点观察20min。对所调查的样点具体位置进行测定并记录详细坐标。结合鸟类的飞行姿态和鸣声等综合特征来确定鸟类的具体种类，不确定的鸟类用数码相机拍照，结合《中国鸟类观察手册》（刘阳等，2021）进行鉴定，分布型划分依据《中国动物地理》（张祖荣，1999）。

共记录到鸟类17种，隶属于8目11科。从居留型上看，夏候鸟7种（占调查鸟类种数的41.18%），留鸟3种（17.65%），旅鸟7种（41.18%）。各样点观测鸟类出现频次及种类如图4.4－4和图4.4－5所示，红碱淖鸟类名录见表4.4－11、表4.4－12和图4.4－6。从地理型上看，红碱淖鸟类组成中北方型种类占据优势地位，其中最多的是古北型鸟类，共9种（占调查鸟类种数的52.94%）。红碱淖湿地属于古北界蒙新区鄂尔多斯高原荒漠半荒漠亚区，所以古北界种类占绝对优势。数量比较多的鸟类分别是白骨顶（*Fulica atra*）、鸿雁（*Anser cygnoides*）和大天鹅（*Cygnus Cygnus*）等；遇见频次比较高的鸟类分别是白骨顶（*Fulica atra*）、大天鹅（*Cygnus Cygnus*）和红头潜鸭（*Aythya ferina*）等。

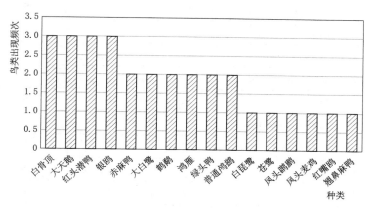

图 4.4-4　红碱淖湿地鸟类出现频次统计图

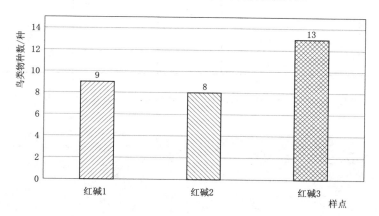

图 4.4-5　红碱淖湿地各观测段鸟类种数统计图

表 4.4-11　　　　　　　　红碱淖水鸟状况调查各样点数据

样点名称	东经/(°)	北纬/(°)	海拔/m
红碱 1	109.88	39.11	1207
红碱 2	109.89	39.13	1216
红碱 3	109.89	39.58	1323

表 4.4-12　　　　　　　　红碱淖鸟类名录

种名	拉丁名	数量	遇见次数	居留型	分布型
白骨顶	*Fulica atra*	887	3	S	O_5
鸿雁	*Anser cygnoides*	756	2	P	M
大天鹅	*Cygnus Cygnus*	398	3	P	C
普通鸬鹚	*Phalacrocorax carbo*	64	2	P	U

种名	拉丁名	数量	遇见次数	居留型	分布型
大白鹭	*Ardea alba*	52	2	S	O_2
赤麻鸭	*Tadorna ferruginea*	33	2	R	U
红头潜鸭	*Aythya ferina*	20	3	P	C
银鸥	*Larus argentatus*	13	2	P	C
白琵鹭	*Platalea leucorodia*	12	1	S	U
翘鼻麻鸭	*Tadorna tadorna*	10	1	S	U
绿头鸭	*Anas platyrhynchos*	7	2	R	C
凤头麦鸡	*Vanellus vanellus*	6	1	S	U
红嘴鸥	*Larus ridibundus*	6	1	P	U
环颈雉	*Phasianus colchicus*	5	1	R	U
苍鹭	*Ardea cinerea*	2	1	S	U
凤头䴙䴘	*Podiceps cristatus*	2	1	S	C
鹤鹬	*Tringa erythropus*	2	2	P	U

注 居留型：R—留鸟，S—夏候鸟，P—旅鸟。
　　分布型：U—古北型，C—全北型，M—东北型，O_2—环球温带-热带型，O_5—东半球温带-热带型，P—高地型。

（a）红碱淖鸟类

图 4.4-6（一）　红碱淖鸟类观测图

(b) 普通鸬鹚 　　　　　　　　　　　　　　　　(c) 赤麻鸭

(d) 鸿雁 　　　　　　　　　　　　　　　　　　(e) 红嘴鸥

(f) 大天鹅 　　　　　　　　　　　　　　　　　(g) 凤头麦鸡

图 4.4 - 6（二）　红碱淖鸟类观测图

根据观测到的鸟类种类和数量与陕西红碱淖湿地水鸟组成及多样性分析（肖红 等，2010）相比较少。红碱淖湿地水鸟种类和数量比较多，较常见，各段均赋予 80 分。

4.5 社会服务功能调查

4.5.1 岸线利用管理指数

岸线利用管理指数是指岸线保护完好程度，需调查统计评价河流岸线长度、开发利用岸线长度和已开发利用岸线保护完好程度。根据《鄂尔多斯市级河流湖泊水域岸线利用规划》《伊金霍洛旗河湖管理范围划定报告》《乌审旗河湖岸线保护与利用规划报告》等岸线划定成果。岸线的开发利用状况结合实地调研与所在河湖"一河（湖）一策"实施方案，岸线开发利用主要包括引排水口、跨河建筑物、跨河管线、城市设施、涉河企业利用岸线等，评价河流岸线开发利用情况如下：

（1）无定河岸线开发利用状况。无定河干流鄂尔多斯段的岸线开发利用主要包括引排水工程和跨河建筑物，开发利用岸线共 10.05km，岸线利用比例 4.81%，其中引排水工程（引水泵站 5 座）开发利用岸线 0.63km，跨河桥梁 8 座开发利用岸线 4.97km，拦河枢纽（水库 4 座，水电站 1 座）开发利用岸线 4.45km，根据实际调查情况，已开发利用岸线均保护完好。岸线管理情况较好，岸线管理指数为 1.0。

（2）其他河流岸线开发利用情况。海流兔河、纳林河和白河的岸线开发利用主要为水库和跨河桥梁，根据实际调查情况，已开发利用岸线均保护完好。岸线管理情况较好，岸线管理指数为 1.0。

（3）湖泊岸线开发。红碱淖（鄂尔多斯范围内）、马奶湖、哈达图淖、光明淖、哈塔兔淖、神海子岸线范围不涉及河道两岸城镇建设、供排水工程、涉河建筑物、砂厂、煤矿等岸线利用情况，无岸线利用长度。岸线管理情况较好，岸线管理指数为 1.0。

4.5.2 公众满意度

根据《河湖健康评价指南》要求，对评价河湖的社会服务功能的公众满意度进行问卷调查，采用现场调查问卷和 App 在线统计的方式进行调查，调查人员主要包括河湖周边居民、旅游者、河湖管理者以及参与健康评价的工作人员，调查内容主要包括河流、湖泊的防洪安全状况、岸线状况、水质状况、水生态状况、水环境状况及对河湖的满意度等方面。评价河湖调查问卷份数及公众满意度平均分详见表 4.5-1。

表 4.5-1　　　　　　　　　　河湖公众满意度调查结果统计

河流/湖泊	河段/湖区	问卷份数	公众满意度平均分
无定河	无定 1	57	90.2
	无定 2	55	89.7
	无定 3	51	85.1
纳林河	纳林 1	111	87.3
	纳林 2	97	87.9
海流兔河	海流兔 1	105	89.4
	海流兔 2	103	88.2
白河	白河	57	90.0
红碱淖	红碱 1	56	85.7
	红碱 2	36	83.4
	红碱 3	57	86.5

河流/湖泊	河段/湖区	问卷份数	公众满意度平均分
马奶湖	马奶 1	37	90.2
	马奶 2	42	90.6
	马奶 3	32	90.5
	马奶 4	31	90.3
哈达图淖	哈达图 1	35	84.2
	哈达图 2	34	87.5
	哈达图 3	41	89.6
光明淖	光明 1	31	78.5
	光明 2	28	76.1
	光明 3	46	79.1
哈塔兔淖	哈塔兔 1	37	78.9
	哈塔兔 2	29	74.1
	哈塔兔 3	45	76.3
神海子	神海子 1	36	72.3
	神海子 2	44	70.1
	神海子 3	31	70.0

第5章

河湖健康状况

5.1 河湖健康评估计算方法与标准

5.1.1 计算方法

河湖健康综合评价按照目标层、准则层及指标层逐层加权的方法，计算得到河湖健康最终评价结果，计算公式如下：

$$RHI_i = \sum^m \left[YMB_{mw} \times \sum^n (ZB_{nw} \times ZB_{nr}) \right] \qquad (5.1-1)$$

式中　RHI_i——第 i 个评价河段或评价湖泊区河湖健康综合赋分；

　　　YMB_{mw}——准则层第 m 个准则层的权重；

　　　ZB_{nw}——指标层第 n 个指标的权重（具体值按照专家打分确定）；

　　　ZB_{nr}——指标层第 n 个指标的赋分。

河流、湖泊分别采用河段长度、湖泊水面面积为权重，按照下式进行河湖健康赋分计算：

$$RHI = \frac{\sum_{i=1}^{R_S} (RHI_i \times W_i)}{\sum_{i=1}^{R_S} (W_i)} \qquad (5.1-2)$$

式中　RHI——河湖健康综合赋分；

　　　RHI_i——第 i 个评价河段或评价湖泊区河湖健康综合赋分；

　　　W_i——第 i 个评价河段的长度，km；或第 i 个评价湖区的水面面积，km^2；

　　　R_S——评价河段或湖泊区数量，个。

5.1.2 分类标准

河湖健康评价分为五类：一类河湖（非常健康）、二类河湖（健康）、三类河湖（亚健康）、四类河湖（不健康）、五类河湖（劣态）。

河湖健康分类根据评估指标综合赋分确定，采用百分制，河湖健康分类、状态、赋分范围、颜色和 RGB 色值说明见表 5.1-1。

表 5.1-1   河 湖 健 康 评 价 分 类

分 类	状 态	赋分范围	颜 色		RGB色值
一类	非常健康	$90 \leqslant RHI \leqslant 100$	蓝		0,180,255
二类	健康	$75 \leqslant RHI < 90$	绿		150,200,80
三类	亚健康	$60 \leqslant RHI < 75$	黄		255,255,0
四类	不健康	$40 \leqslant RHI < 60$	橙		255,165,0
五类	劣态	$RHI < 40$	红		255,0,0

（1）一类河湖。说明河湖在形态结构完整性、水生态完整性与抗扰动弹性、生物多样性、社会服务功能可持续性等方面都保持非常健康的状态。

（2）二类河湖。说明河湖在形态结构完整性、水生态完整性与抗扰动弹性、生物多样性、社会服务功能可持续性等方面保持健康的状态，但在某些方面还存在一定缺陷，应当加强日常管护，持续对河湖健康提档升级。

（3）三类河湖。说明河湖在形态结构完整性、水生态完整性与抗扰动弹性、生物多样性、社会服务功能可持续性等方面存在缺陷，处于亚健康状态，应当加强日常维护和监管力度，及时对局部缺陷进行治理修复，消除影响河湖健康的隐患。

（4）四类河湖。说明河湖在形态结构完整性、水生态完整性与抗扰动弹性、生物多样性等方面存在明显缺陷，处于不健康状态，社会服务功能难以发挥，应当采取综合措施对河湖进行治理修复，改善河湖面貌，提升河湖水环境水生态状况。

（5）五类河湖。说明河湖在形态结构完整性、水生态完整性与抗扰动弹性、生物多样性等方面存在非常严重问题，处于劣性状态，社会服务功能丧失，必须采取根本性措施，重塑河湖形态和生境。

5.2 健康评估软件开发

根据河湖健康评估计算方法与标准以及评估指标计算方法、评价标准开发了河湖健康评价计算软件。

5.2.1 软件功能

软件无须安装，包括软件界面、软件的数据输入、输出功能和数据导出。

（1）软件可以分别对河流和湖泊的健康评价进行计算。

（2）河湖评价指标体系除了软件中所给的必选指标和备选指标外，还可以根据实际需要自行添加指标。

（3）软件可以分别给出河湖分段和整条河湖的指标层、准则层和目标层的评价结果，并以图和表的形式输出。

（4）软件具有对输入指标数据进行导入和评价结果导出的功能。

5.2.2 操作流程

1. 软件操作界面

单击"河流"或"湖泊"按钮进入对应的基本信息页，见图 5.2-1。输入河流（湖泊）名称、分段（分区）数量、分段长度（分区面积）。可根据各河流分段特点和湖泊分区特征选择后续构建评价指标体系是否相同，相同则构建一套评价指标体系，不同则根据实际情况构建不同的评价指标体系。

（a）首页界面 （b）河流健康评价首页

图 5.2-1 软件操作界面

2. 软件指标体系构建

评价指标体系构建页面预先设置了评价指标，评价指标体系中红色字的指标为必选指标，蓝色字的指标为备选指标。对需要纳入计算的评价指标进行勾选，构建评价指标体系，可根据需要在准则层中点击"添加"按钮添加自选指标。在添加指标框中输入需要添加指标的名称，点击"确定"按钮后，便可在指标体系页对新添加的指标进行勾选。见图 5.2-2（a）。点击"返回"按钮可返回基本信息页对河流（湖泊）的基本信息进行修改，在返回之前在本页面进行的修改信息都会得到保存。点击"确定"按钮进入监测数据页。

3. 指标监测数据输入

根据河流湖泊的分段（分区）以及构建的评价指标体系中各项指标，输入计算各项指标的监测值。见图 5.2-2（b）。

4. 评价指标赋分及权重输入

根据输入的监测数据，软件自动计算各评价段（区）的评价指标赋分，见图 5.2-3（a）。下一步输入评价指标权重和准则层权重，根据专家打分法确定的各指标权重和参考《河湖健康评估导则》准则层权重，见图 5.2-3（b）。

5. 评价指标赋分及权重输入

根据输入指标赋分情况及计算权重，得出各评价河段（湖区）及整个河流（湖泊）的健康评价状况计算结果，显示各分段（分区）健康赋分表及赋分雷达图，见图 5.2-4。

80

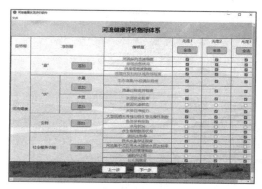

（a）评价指标体系构建页面　　　　　　　　（b）河流健康监测数据输入页面

图 5.2-2　软件评价指标体系与数据输入界面

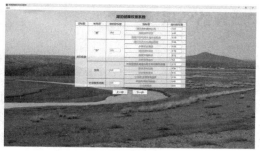

（a）评价指标赋分计算结果　　　　　　　　（b）评价指标权重输入

图 5.2-3　评价指标赋分计算结果和权重输入界面

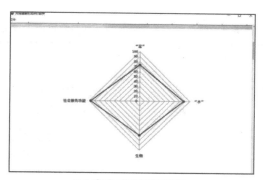

（a）河段健康计算结果　　　　　　　　（b）准则层健康评价雷达图

图 5.2-4　软件数据输出界面

6. 数据导出

点击"导出"按钮导出各分段（分区）健康赋分表及河流（湖泊）健康赋分表和图。点击"主页"按钮将进入主页并丢弃当前指标体系的所有信息，如需对当前指标体系进行修改可点击"返回"按钮，见图 5.2-5。

81

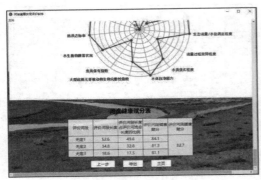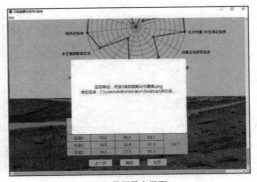

(a) 河流健康计算结果　　　　　　　　　　　(b) 数据导出界面

图 5.2-5　软件数据导出界面

5.3　评估结果

5.3.1　无定河

根据构建的评价指标体系、监测数据和指标赋分与权重得出无定河各河段和整条河流健康评价结果见表 5.3-1～表 5.3-5。无定河健康赋分为 85.1 分，根据河湖健康评价分类标准，无定河健康评价结果为二类河流，处于健康状态（图 5.3-1～图 5.3-4）。从各段评价结果可知，各段得分均在 84 分以上，均处于健康状态。根据无定河健康评价结果（表 5.3-5）可知：准则层评价结果总体为：社会服务功能＞"水"＞生物＞"盆"。

表 5.3-1　　　　　　　　　　　　　无定河 1 段健康评价结果

目标层	准则层		指　标　层	指标赋分	指标权重	准则层赋分	准则层权重	河流健康赋分
无定河 1 段健康	"盆"		河流纵向连通指数	0	0.24	65.9	0.20	84.1
			岸线自然状况	75.3	0.41			
			违规开发利用水域岸线程度	100.0	0.35			
	"水"	水量	生态流量/水位满足程度	100.0	0.35	88.9	0.30	
		水质	水质优劣程度	75.3	0.45			
			水体自净能力	100.0	0.20			
	生物		大型底栖无脊椎动物生物完整性指数	62.2	0.19	77.6	0.20	
			鱼类保有指数	90.6	0.44			
			水生植物群落状况	70.0	0.37			
	社会服务功能		岸线利用管理指数	100.0	0.35	95.8	0.30	
			公众满意度	93.6	0.65			

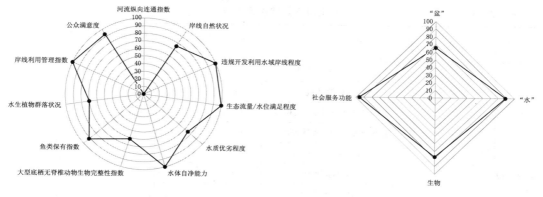

（a）评价指标层　　　　　　　　　　　　　（b）评价准则层

图 5.3－1　无定河 1 段健康评价结果图

表 5.3－2　　　　　　　　　　　　　无定河 2 段健康评价结果

目标层	准则层		指　标　层	指标赋分	指标权重	准则层赋分	准则层权重	河流健康赋分
无定河 2 段健康	"盆"		河流纵向连通指数	0	0.24	68.1	0.20	86.4
			岸线自然状况	80.8	0.41			
			违规开发利用水域岸线程度	100.0	0.35			
	"水"	水量	生态流量/水位满足程度	100.0	0.35	90.1	0.30	
		水质	水质优劣程度	78.0	0.45			
			水体自净能力	100.0	0.20			
	生物		大型底栖无脊椎动物生物完整性指数	45.0	0.19	85.4	0.20	
			鱼类保有指数	90.6	0.44			
			水生植物群落状况	100.0	0.37			
	社会服务功能		岸线利用管理指数	100.0	0.35	95.4	0.30	
			公众满意度	92.9	0.65			

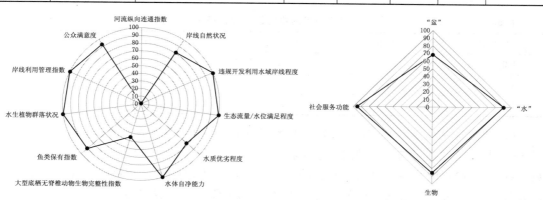

（a）评价指标层　　　　　　　　　　　　　（b）评价准则层

图 5.3－2　无定河 2 段健康评价结果图

表 5.3-3

表 5.3-3　　　　　　　　　　　　　　无定河 3 段健康评价结果

目标层	准则层		指 标 层	指标赋分	指标权重	准则层赋分	准则层权重	河流健康赋分
无定河 3 段健康	"盆"		河流纵向连通指数	0	0.24	71.1	0.20	85.7
			岸线自然状况	88.0	0.41			
			违规开发利用水域岸线程度	100.0	0.35			
	"水"	水量	生态流量/水位满足程度	100.0	0.35	89.3	0.30	
		水质	水质优劣程度	76.2	0.45			
			水体自净能力	100.0	0.20			
	生物		大型底栖无脊椎动物生物完整性指数	70.1	0.19	80.9	0.20	
			鱼类保有指数	90.6	0.44			
			水生植物群落状况	75.0	0.37			
	社会服务功能		岸线利用管理指数	100.0	0.35	94.9	0.30	
			公众满意度	92.1	0.65			

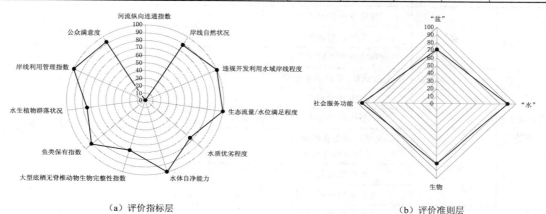

（a）评价指标层　　　　　　　　　　　　　　（b）评价准则层

图 5.3-3　无定河 3 段健康评价结果图

表 5.3-4　　　　　　　　　　　　　无定河各河段河健康评价结果

评价河段	河段长度/km	河段占比/%	河段健康赋分	河流健康赋分
无定河 1 段	52.6	49.6	84.1	85.1
无定河 2 段	34.8	32.8	86.4	
无定河 3 段	18.6	17.6	85.7	

　　（1）"盆"：指标赋分为 67.5 分，说明无定河形态结构的完整性一般。3 段得分均低于 75 分，处于亚健康状态，主要影响因素为河流纵向连通指数较差，河流纵向连通指数（赋分 0 分），因为各评价段均有影响过鱼设施的水库；岸线自然状况较好，除第 1 段得分为 75.3 分外，其余两段得分均大于 80 分，第 1 段河岸岸坡较高，坡度较大，河岸稳定性稍差；违规开发利用水域岸线程度指标赋分均为 100 分，说明无定河没有违规开发利用情况。

表 5.3－5 无定河健康评价结果

目标层	准则层		指 标 层	指标赋分	指标权重	准则层赋分	准则层权重	河流健康赋分
无定河健康	"盆"		河流纵向连通指数	0	0.24	67.5	0.20	85.1
			岸线自然状况	79.3	0.41			
			违规开发利用水域岸线程度	100.0	0.35			
	"水"	水量	生态流量/水位满足程度	100.0	0.35	89.3	0.30	
		水质	水质优劣程度	76.3	0.45			
			水体自净能力	100.0	0.20			
	生物		大型底栖无脊椎动物生物完整性指数	57.9	0.19	80.8	0.20	
			鱼类保有指数	90.6	0.44			
			水生植物群落状况	80.7	0.37			
	社会服务功能		岸线利用管理指数	100.0	0.35	95.5	0.30	
			公众满意度	93.1	0.65			

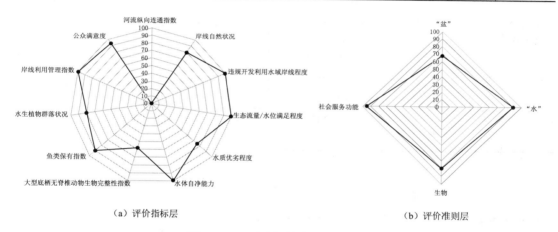

（a）评价指标层　　　　　　　　　　（b）评价准则层

图 5.3－4　无定河健康评价结果图

（2）"水"：指标赋分为 89.3 分。三段得分均高于 85 分，处于健康状态。生态流量满足程度、水体自净能力指标处于满分状态；水质优劣程度指标赋分在 75 分以上，说明水质较好，全年水质达到Ⅲ类水标准。

（3）生物：指标赋分为 80.8 分，无定河生物的完整性较好。鱼类根据现场调查结果，第 1 段鱼类种类较丰富，第 2 段和第 3 段稍差，鱼类生境可能受水库建设影响；大型底栖无脊椎动物生物完整性指数得分介于 45～70 分，第 2 段完整性指数的得分低于 60 分，生物完整性较差；水生植物群落状况情况较好，各段得分均在 70 分以上，水生植物种类较丰富，覆盖度介于 30%～80%，其中第 2 段得分为满分。

（4）社会服务功能：指标赋分最高为 95.5 分。各河段赋分均处于 95 分左右，说明防洪达标率、岸线利用管理指数和公众满意度均较好，因此无定河社会服务功能的可持续性很好。

5.3.2 海流兔河

海流兔河各河段和整条河流健康评价结果见表5.3-6～表5.3-9。海流兔河健康赋分为80.5分，根据河湖健康评价分类标准，海流兔河健康评价结果为二类河流，处于健康状态（图5.3-5～图5.3-7）。从各段评价结果可知，各段得分均在80分左右，均处于健康状态。根据评价结果（表5.3-9）可知：准则层评价结果总体为：社会服务功能＞"水"＞"盆"＞生物。

表5.3-6 海流兔河1段健康评价结果

目标层	准则层		指 标 层	指标赋分	指标权重	准则层赋分	准则层权重	河流健康赋分
海流兔河1段健康	"盆"		河流纵向连通指数	0	0.24	67.4	0.20	79.0
			岸线自然状况	79.0	0.41			
			违规开发利用水域岸线程度	100.0	0.35			
	"水"	水量	生态流量/水位满足程度	100.0	0.35	91.9	0.30	
		水质	水质优劣程度	82.0	0.45			
			水体自净能力	100.0	0.20			
	生物		大型底栖无脊椎动物生物完整性指数	51.4	0.19	47.2	0.20	
			鱼类保有指数	20.0	0.44			
			水生植物群落状况	77.5	0.37			
	社会服务功能		岸线利用管理指数	100.0	0.35	95.1	0.30	
			公众满意度	92.5	0.65			

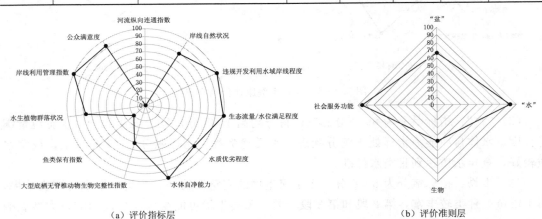

（a）评价指标层　　　　　　　　　　　（b）评价准则层

图5.3-5　海流兔河1段健康评价结果图

（1）"盆"：指标赋分为69.7分，说明海流兔河形态结构的完整性一般。两段得分均低于75分，处于亚健康状态，主要影响因素为河流纵向连通指数较差，河流纵向连通指数（赋分0分），因为各评价段均有影响过鱼设施的水库；岸线自然状况较好，第1段得分均79.0分，河岸岸坡较高，坡度较大，河岸稳定性稍差，第2段得分89.6分，河岸稳定性较高。

违规开发利用水域岸线程度指标赋分均为 100 分，说明无定河没有违规开发利用情况。

表 5.3-7　　　　　　　　　海流兔河 2 段健康评价结果

目标层	准则层		指　标　层	指标赋分	指标权重	准则层赋分	准则层权重	河流健康赋分
海流兔河 2 段健康	"盆"		河流纵向连通指数	0	0.24	71.7	0.20	81.8
			岸线自然状况	89.6	0.41			
			违规开发利用水域岸线程度	100.0	0.35			
	"水"	水量	生态流量/水位满足程度	100.0	0.35	96.0	0.30	
		水质	水质优劣程度	91.1	0.45			
			水体自净能力	100.0	0.20			
	生物		大型底栖无脊椎动物生物完整性指数	33.5	0.19	52.2	0.20	
			鱼类保有指数	20.0	0.44			
			水生植物群落状况	100.0	0.37			
	社会服务功能		岸线利用管理指数	100.0	0.35	94.1	0.30	
			公众满意度	90.9	0.65			

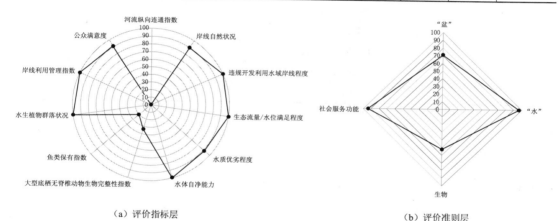

（a）评价指标层　　　　　　　　　　　　　　（b）评价准则层

图 5.3-6　海流兔河 2 段健康评价结果图

表 5.3-8　　　　　　　　　海流兔河各河段河健康评价结果

评价河段	河段长度/km	河段占比/%	河段健康赋分	河流健康赋分
海流兔河 1 段	18.9	47.6	79.0	80.5
海流兔河 2 段	20.8	52.4	81.8	

（2）"水"：指标赋分为 94.1 分。两段得分均高于 90 分，处于非常健康状态。生态流量满足程度、水体自净能力指标处于满分状态；水质优劣程度指标赋分在 80 分以上，说明水质较好，第 1 段全年水质达到Ⅲ类水质标准，第 2 段全年水质达到Ⅱ类水质标准。

（3）生物：指标赋分为 49.9 分，海流兔河生物的完整性较差，处于不健康状态。鱼类根据现场调查结果，鱼类保有指数较低，仅捕集到 3 种鱼类；大型底栖无脊椎动物生物完整性指数得分介于30～55分，第2段完整性指数的得分仅33.5分，生物完整性较差；水生植物群落状况情况较好，各段得分均在70分以上，水生植物种类较丰富，覆盖度介于45%～85%，其中第2段得分为满分。

（4）社会服务功能：指标赋分最高为94.6分。各河段赋分均高于90分，说明防洪达标率、岸线利用管理指数和公众满意度均较好，因此无定河社会服务功能的可持续性很好。

表 5.3－9　　　　　　　　　　海流兔河健康评价结果

目标层	准则层		指 标 层	指标赋分	指标权重	准则层赋分	准则层权重	河流健康赋分
海流兔河健康	"盆"		河流纵向连通指数	0	0.24	69.7	0.20	80.5
			岸线自然状况	84.6	0.41			
			违规开发利用水域岸线程度	100.0	0.35			
	"水"	水量	生态流量/水位满足程度	100.0	0.35	94.1	0.30	
		水质	水质优劣程度	86.8	0.45			
			水体自净能力	100.0	0.20			
	生物		大型底栖无脊椎动物生物完整性指数	42.0	0.19	49.9	0.20	
			鱼类保有指数	20.0	0.44			
			水生植物群落状况	89.3	0.37			
	社会服务功能		岸线利用管理指数	100.0	0.35	94.6	0.30	
			公众满意度	91.7	0.65			

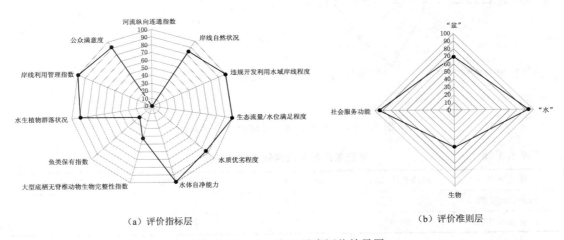

（a）评价指标层　　　　　　　　　　　　　（b）评价准则层

图 5.3－7　海流兔河健康评价结果图

5.3.3　纳林河

纳林河各河段和整条河流健康评价结果见表5.3－10～表5.3－13。纳林河健康赋分为81.9分，根据河湖健康评价分类标准，纳林河健康评价结果为二类河流，处于健康状态。

88

从各段评价结果可知，各段得分均高于80分，均处于健康状态。根据评价结果（表5.3-13）可知：准则层评价结果总体为：社会服务功能＞"水"＞"盆"＞生物。

表5.3-10 纳林河1段健康评价结果

目标层	准则层		指标层	指标赋分	指标权重	准则层赋分	准则层权重	河流健康赋分
纳林河1段健康	"盆"		河流纵向连通指数	0	0.24	72.7	0.20	82.9
			岸线自然状况	92.0	0.41			
			违规开发利用水域岸线程度	100.0	0.35			
	"水"	水量	生态流量/水位满足程度	100.0	0.35	95.5	0.30	
		水质	水质优劣程度	90.1	0.45			
			水体自净能力	100.0	0.20			
	生物		大型底栖无脊椎动物生物完整性指数	42.6	0.19	58.3	0.20	
			鱼类保有指数	30.0	0.44			
			水生植物群落状况	100.0	0.37			
	社会服务功能		岸线利用管理指数	100.0	0.35	93.3	0.30	
			公众满意度	89.7	0.65			

表5.3-11 纳林河2段健康评价结果

目标层	准则层		指标层	指标赋分	指标权重	准则层赋分	准则层权重	河流健康赋分
纳林河2段健康	"盆"		河流纵向连通指数	0	0.24	72.3	0.20	80.2
			岸线自然状况	91.0	0.41			
			违规开发利用水域岸线程度	100.0	0.35			
	"水"	水量	生态流量/水位满足程度	100.0	0.35	93.0	0.30	
		水质	水质优劣程度	84.4	0.45			
			水体自净能力	100.0	0.20			
	生物		大型底栖无脊椎动物生物完整性指数	44.4	0.19	48.5	0.20	
			鱼类保有指数	30.0	0.44			
			水生植物群落状况	72.5	0.37			
	社会服务功能		岸线利用管理指数	100.0	0.35	93.8	0.30	
			公众满意度	90.5	0.65			

表5.3-12 纳林河各河段健康评价结果

评价河段	河段长度/km	河段占比/%	河段健康赋分	河流健康赋分
纳林河1段	48	64.9	82.9	81.9
纳林河2段	26	35.1	80.2	

表 5.3 - 13   **纳林河健康评价结果**

目标层	准则层		指标层	指标赋分	指标权重	准则层赋分	准则层权重	河流健康赋分
纳林河健康	"盆"		河流纵向连通指数	0	0.24	72.6	0.20	81.9
			岸线自然状况	91.6	0.41			
			违规开发利用水域岸线程度	100.0	0.35			
	"水"	水量	生态流量/水位满足程度	100.0	0.35	94.6	0.30	
		水质	水质优劣程度	88.1	0.45			
			水体自净能力	100.0	0.20			
	生物		大型底栖无脊椎动物生物完整性指数	43.2	0.19	54.9	0.20	
			鱼类保有指数	30.0	0.44			
			水生植物群落状况	90.3	0.37			
	社会服务功能		岸线利用管理指数	100.0	0.35	93.5	0.30	
			公众满意度	90.0	0.65			

（1）"盆"：指标赋分为 72.6 分，说明纳林河形态结构的完整性一般。两段得分均低于 75 分，处于亚健康状态，主要影响因素为河流纵向连通指数较差，河流纵向连通指数（赋分 0 分），因为各评价段均有影响过鱼设施的水库；岸线自然状况较好，两段得分均大于 90 分，说明河岸稳定性较好。违规开发利用水域岸线程度指标赋分均为 100 分，说明无定河没有违规开发利用情况（图 5.3 - 8～图 5.3 - 10）。

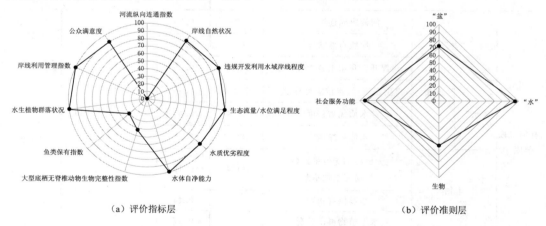

（a）评价指标层   （b）评价准则层

图 5.3 - 8 纳林河 1 段健康评价结果图

（2）"水"：指标赋分为 94.6 分。第 1 段得分 88.8 分，处于健康状态，第 2 段得分 93 分，处于非常健康状态。生态流量满足程度、水体自净能力指标处于满分状态；水质优劣程度指标赋分在 78.4 分以上，说明水质较好，两段全年水质达到Ⅲ类水质标准，但第 1 段氨氮指标值处于Ⅲ类水质边缘。

（3）生物：指标赋分为 54.9 分，纳林河生物的完整性较差，处于不健康状态。鱼类根据现场调查结果，鱼类保有指数较低，仅捕集到 4 种鱼类；大型底栖无脊椎动物生物完

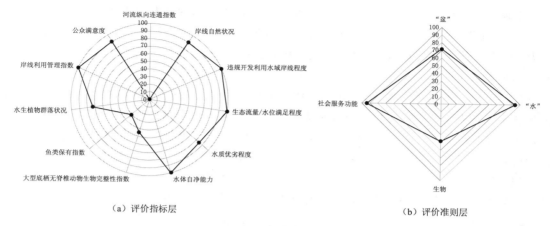

(a) 评价指标层　　　　　　　　　　　(b) 评价准则层

图 5.3-9　纳林河 2 段健康评价结果图

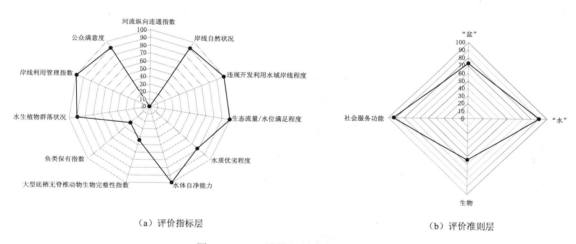

(a) 评价指标层　　　　　　　　　　　(b) 评价准则层

图 5.3-10　纳林河健康评价结果图

整性指数得分低于 45 分，生物完整性较差；水生植物群落状况情况较好，各段得分均在 70 分以上，水生植物种类较丰富，覆盖度介于 35%～85%，其中第 1 段得分为满分。

（4）社会服务功能：指标赋分最高为 93.5 分。各河段赋分均高于 90 分，说明防洪达标率、岸线利用管理指数和公众满意度均较好，因此无定河社会服务功能的可持续性很好。

5.3.4　白河

白河健康评价结果见表 5.3-14。健康赋分为 86.4 分，根据河湖健康评价分类标准，白河健康评价结果为二类河流，处于健康状态（图 5.3-11）。准则层评价结果总体为：社会服务功能＞"水"＞生物＞"盆"。

（1）"盆"：指标赋分为 65.9 分，说明白河形态结构的完整性一般。处于亚健康状态，主要影响因素为河流纵向连通指数较差，水库数量较多，河流纵向连通指数（赋分 0 分）；岸线自然状况一般，赋分为 75.3 分，处于健康状态的边缘，河岸稳定性稍差。违规开发利用水域岸线程度指标赋分均为 100 分，说明无定河没有违规开发利用情况。

（2）"水"：指标赋分为 92.8 分，处于非常健康状态。生态流量满足程度、水体自净能力指标处于满分状态；水质优劣程度指标赋分在 84.0 分以上，说明水质较好，全年水质达到Ⅲ类水质标准。

（3）生物：指标赋分为 83.3 分，纳林河生物的完整性较好，处于健康状态。鱼类根据现场调查结果，鱼类保有指数较高；大型底栖无脊椎动物生物完整性指数得分低于 58.5 分，生物完整性较差，处于不健康状态，但与其他评价河湖相比，生物完整性较好；水生植物群落状况情况较好，水生植物种类较丰富，覆盖度为 80%，赋分为满分。

（4）社会服务功能：指标赋分最高为 95.7 分。说明防洪达标率、岸线利用管理指数和公众满意度均较好，因此无定河社会服务功能的可持续性很好。

表 5.3 - 14　　　　　　　　　　　白河健康评价结果

目标层	准则层		指标层	指标赋分	指标权重	准则层赋分	准则层权重	河流健康赋分
白河健康	"盆"		河流纵向连通指数	0	0.24	65.9	0.20	86.4
			岸线自然状况	75.3	0.41			
			违规开发利用水域岸线程度	100.0	0.35			
	"水"	水量	生态流量/水位满足程度	100.0	0.35	92.8	0.30	
		水质	水质优劣程度	84.0	0.45			
			水体自净能力	100.0	0.20			
	生物		大型底栖无脊椎动物生物完整性指数	58.5	0.19	83.3	0.20	
			鱼类保有指数	80.0	0.44			
			水生植物群落状况	100.0	0.37			
	社会服务功能		岸线利用管理指数	100.0	0.35	95.7	0.30	
			公众满意度	93.3	0.65			

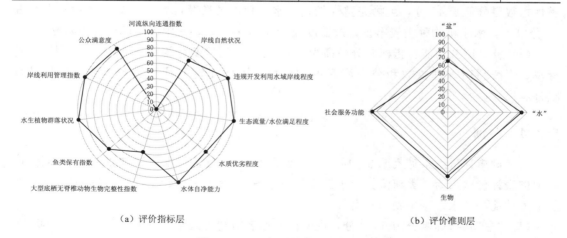

（a）评价指标层　　　　　　　　　　　　（b）评价准则层

图 5.3 - 11　白河健康评价结果图

5.3.5 红碱淖

红碱淖健康评价结果见表5.3－15～表5.3－19。红碱淖健康赋分为68.8分，其中第1湖区赋分为68.7分，第2湖区赋分为67.8分，第3湖区赋分为69.9分。根据河湖健康评价分类标准，红碱淖健康评价结果为三类湖泊，处于亚健康状态（图5.3－12～图5.3－15）。准则层评价结果总体为：社会服务功能＞"水"＞"盆"＞生物。

表5.3－15　　　　　　　　　　红碱淖1区健康评价结果

目标层	准则层	指标层		指标赋分	指标权重	准则层赋分	准则层权重	湖泊健康赋分
红碱淖1区健康	"盆"	湖泊面积萎缩比例		6.0	0.44	48.8	0.20	68.7
		岸线自然状况		73.5	0.37			
		违规开发利用水域岸线程度		100.0	0.19			
	"水"	水量	最低生态水位满足程度	100.0	0.23	71.4	0.30	
		水质	水质优劣程度	10.6	0.26			
			湖泊营养状态	73.8	0.19			
			底泥污染状态	100.0	0.12			
			水体自净能力	98.1	0.20			
	生物	大型底栖无脊椎动物生物完整性指数		81.0	0.13	50.8	0.20	
		鱼类保有指数		8.6	0.38			
		浮游植物密度		100.0	0.31			
		大型水生植物覆盖度		33.3	0.18			
	社会服务功能	岸线利用管理指数		100.0	0.46	91.1	0.30	
		公众满意度		83.6	0.54			

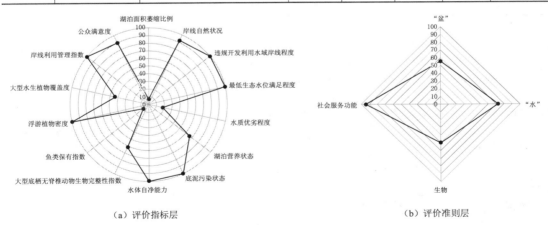

（a）评价指标层　　　　　　　　　　（b）评价准则层

图5.3－12　红碱淖1区健康评价结果图

（1）"盆"：指标赋分为53.3分。3个分区赋分均低于60分，处于不健康状态，主要影响因素为湖泊面积萎缩比例得分较低（赋分为6.0分）。整个红碱淖较20世纪80年代湖泊面积逐渐萎缩 33.5%。

（2）"水"：指标赋分为 71.1 分，说明红碱淖水文的完整性良好。3 个湖区均处于亚健康状态；主要影响因素为水质较差，各分区水质优劣程度赋分均低于 20 分，根据监测结果，高锰酸盐指数、化学需氧量、五日生化需氧量、氟化物等指标劣于Ⅴ类水质标准；湖泊营养状态属中营养但接近富营养。最低生态水位满足程度、底泥污染状态、水体自净能力指标均处于较好状态。

表 5.3 - 16 　　　　　　　　　　　　　红碱淖 2 区健康评价结果

目标层	准则层		指　标　层	指标赋分	指标权重	准则层赋分	准则层权重	湖泊健康赋分
红碱淖 2 区健康	"盆"		湖泊面积萎缩比例	6.0	0.44	53.5	0.20	67.8
			岸线自然状况	86.0	0.37			
			违规开发利用水域岸线程度	100.0	0.19			
	"水"	水量	最低生态水位满足程度	100.0	0.23	69.6	0.30	
		水质	水质优劣程度	12.5	0.26			
			湖泊营养状态	60.0	0.19			
			底泥污染状态	100.0	0.12			
			水体自净能力	100.0	0.20			
	生物		大型底栖无脊椎动物生物完整性指数	66.8	0.13	43.8	0.20	
			鱼类保有指数	8.6	0.38			
			浮游植物密度	100.0	0.31			
			大型水生植物覆盖度	5.0	0.18			
	社会服务功能		岸线利用管理指数	100.0	0.46	91.7	0.30	
			公众满意度	84.5	0.54			

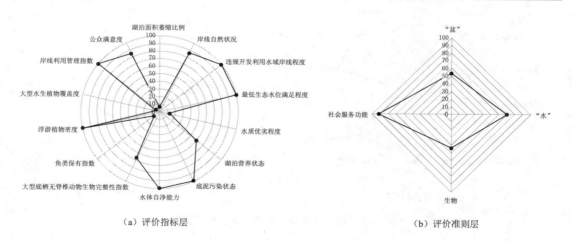

（a）评价指标层　　　　　　　　　　　　　（b）评价准则层

图 5.3 - 13　红碱淖 2 区健康评价结果图

（3）生物：指标赋分最低为45.6分。主要影响因素为鱼类保有指数（赋分为8.6分）和大型水生植物覆盖度（赋分5.0～33.3分），20世纪80年代红碱淖鱼类丰富，目前红碱淖鱼类资源基本枯竭；大型水生植物种类和覆盖度除第1湖区稍好外，第2和第3湖区覆盖度仅为2%和5%。大型底栖无脊椎动物生物完整性指数和浮游植物密度指标均较好，说明大型底栖无脊椎动物生物完整性较好。

（4）社会服务功能：指标赋分最高为92.4分。各湖区赋分均高于90分，说岸线利用管理指数和公众满意度均较好，说明社会服务功能可持续性较好。

表 5.3－17　　　　　　　　　　　　红碱淖 3 区健康评价结果

目标层	准则层		指 标 层	指标赋分	指标权重	准则层赋分	准则层权重	湖泊健康赋分
红碱淖 3 区健康	"盆"		湖泊面积萎缩比例	6.0	0.44	55.7	0.20	69.9
			岸线自然状况	92.0	0.37			
			违规开发利用水域岸线程度	100.0	0.19			
	"水"	水量	最低生态水位满足程度	100.0	0.23	72.4	0.30	
		水质	水质优劣程度	18.4	0.26			
			湖泊营养状态	66.2	0.19			
			底泥污染状态	100.0	0.12			
			水体自净能力	100.0	0.20			
	生物		大型底栖无脊椎动物生物完整性指数	61.5	0.13	44.5	0.20	
			鱼类保有指数	8.6	0.38			
			浮游植物密度	100.0	0.31			
			大型水生植物覆盖度	12.5	0.18			
	社会服务功能		岸线利用管理指数	100.0	0.46	93.9	0.30	
			公众满意度	88.7	0.54			

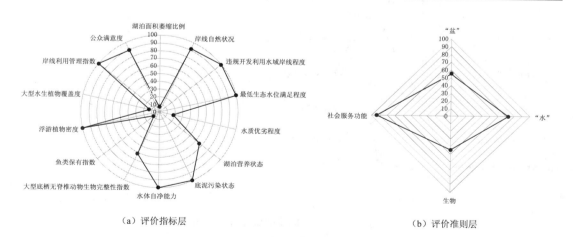

（a）评价指标层　　　　　　　　　　　　　　　　　（b）评价准则层

图 5.3－14　红碱淖 3 区健康评价结果图

表 5.3-18 　　　　　　　　　　　　　红碱淖各分区健康评价结果

评价湖区	湖区面积/km²	面积占比/%	湖区健康赋分	湖泊健康赋分
红碱淖 1 区	1.2	21.8	68.7	
红碱淖 2 区	2.2	40.0	67.8	68.8
红碱淖 3 区	2.1	38.2	69.9	

表 5.3-19 　　　　　　　　　　　　　红碱淖健康评价结果

目标层	准则层		指标层	指标赋分	指标权重	准则层赋分	准则层权重	湖泊健康赋分
红碱淖健康	"盆"		湖泊面积萎缩比例	6.0	0.44	53.3	0.20	68.8
			岸线自然状况	85.6	0.37			
			违规开发利用水域岸线程度	100.0	0.19			
	"水"	水量	最低生态水位满足程度	100.0	0.23	71.1	0.30	
		水质	水质优劣程度	14.3	0.26			
			湖泊营养状态	65.4	0.19			
			底泥污染状态	100.0	0.12			
			水体自净能力	99.6	0.20			
	生物		大型底栖无脊椎动物生物完整性指数	67.9	0.13	45.6	0.20	
			鱼类保有指数	8.6	0.38			
			浮游植物密度	100.0	0.31			
			大型水生植物覆盖度	14.0	0.18			
	社会服务功能		岸线利用管理指数	100.0	0.46	92.4	0.30	
			公众满意度	85.9	0.54			

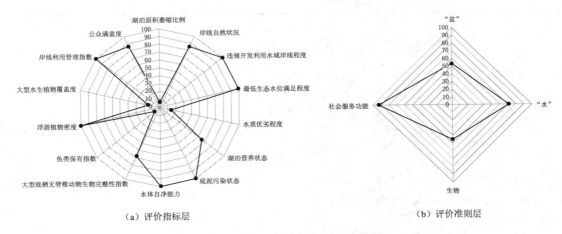

（a）评价指标层　　　　　　　　　　　　　（b）评价准则层

图 5.3-15　红碱淖健康评价结果图

5.3.6 马奶湖

马奶湖健康评价结果见表5.3-20~表5.3-25。马奶湖健康赋分为77.6分，第1湖区赋分为80.3分，第2湖区赋分为79.9分，第3湖区赋分为77.5分，第4湖区赋分为76.0分。根据河湖健康评价分类标准，马奶湖健康评价结果为二类湖泊，处于健康状态（图5.3-16~图5.3-20）。准则层评价结果总体为：社会服务功能＞"盆"＞"水"＞生物。

表5.3-20　　　　　　　　　　　马奶湖1区健康评价结果

目标层	准则层		指标层	指标赋分	指标权重	准则层赋分	准则层权重	湖泊健康赋分
马奶湖1区健康	"盆"		湖泊面积萎缩比例	100.0	0.44	90.4	0.20	80.3
			岸线自然状况	74.0	0.37			
			违规开发利用水域岸线程度	100.0	0.19			
	"水"	水量	最低生态水位满足程度	100.0	0.23	81.2	0.30	
		水质	水质优劣程度	48.0	0.26			
			湖泊营养状态	72.4	0.19			
			底泥污染状态	100.0	0.12			
			水体自净能力	100.0	0.20			
	生物		大型底栖无脊椎动物生物完整性指数	47.9	0.13	44.3	0.20	
			鱼类保有指数	18.6	0.38			
			浮游植物密度	100.0	0.31			
			大型水生植物覆盖度	0	0.18			
	社会服务功能		岸线利用管理指数	100.0	0.46	96.5	0.30	
			公众满意度	93.6	0.54			

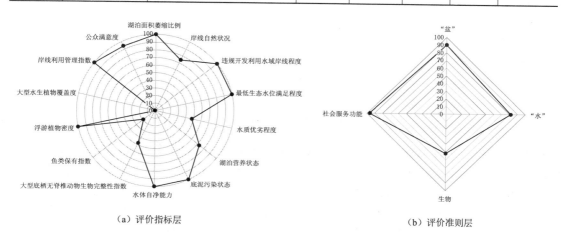

（a）评价指标层　　　　　　　　　　　（b）评价准则层

图5.3-16　马奶湖1区健康评价结果图

表 5.3－21 马奶湖 2 区健康评价结果

目标层	准则层		指 标 层	指标赋分	指标权重	准则层赋分	准则层权重	湖泊健康赋分
马奶湖 2 区健康	"盆"		湖泊面积萎缩比例	100.0	0.44	89.2	0.20	79.9
			岸线自然状况	70.9	0.37			
			违规开发利用水域岸线程度	100.0	0.19			
	"水"	水量	最低生态水位满足程度	100.0	0.23	81.5	0.30	
		水质	水质优劣程度	43.5	0.26			
			湖泊营养状态	80.0	0.19			
			底泥污染状态	100.0	0.12			
			水体自净能力	100.0	0.20			
	生物		大型底栖无脊椎动物生物完整性指数	37.4	0.13	42.9	0.20	
			鱼类保有指数	18.6	0.38			
			浮游植物密度	100.0	0.31			
			大型水生植物覆盖度	0	0.18			
	社会服务功能		岸线利用管理指数	100.0	0.46	96.8	0.30	
			公众满意度	94.1	0.54			

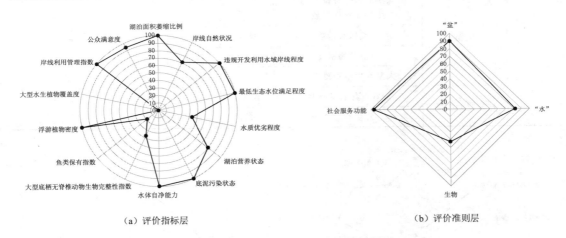

（a）评价指标层　　　　　　　　（b）评价准则层

图 5.3－17　马奶湖 2 区健康评价结果图

（1）"盆"：指标赋分为 80.4 分。1 分区和 2 分区赋分在 90 分左右，处于非常健康状态；3 分区和 4 分区赋分介于 75～80 分，处于健康状态；主要影响因素为岸线自然状况，3 分区和 4 分区的岸线植被覆盖率较低，仅为 20%～30%。

（2）"水"：指标赋分为 80.1 分，说明红碱淖水文的完整性良好。4 个湖区除第 4 分区外赋分均高于 80 分，均处于亚健康状态；主要影响因素为水质较差，各分区水质优劣程度赋分均低于 50 分，根据监测结果，五日生化需氧量指标为 V 类水质标准；湖泊营养状态属中营养但接近富营养。最低生态水位满足程度、底泥污染状态、水体自净能力指标均处于较好状态。

（3）生物：指标赋分最低为42.3分。大型水生植被盖度（赋分为0分）、鱼类保有指数（赋分为18.6分）和大型底栖无脊椎动物生物完整性指数（赋分低于40分）得分均较低，在马奶湖各分区中均未见大型水生植物，鱼类种类和大型底栖无脊椎动物也较低。

（4）社会服务功能：指标赋分最高为96.7分。各湖区赋分均高于90分，说岸线利用管理指数和公众满意度均较好，说明社会服务功能可持续性较好。

表 5.3－22 马奶湖 3 区健康评价结果

目标层	准则层		指 标 层	指标赋分	指标权重	准则层赋分	准则层权重	湖泊健康赋分
马奶湖 3 区健康	"盆"		湖泊面积萎缩比例	100.0	0.44	78.2	0.20	77.5
			岸线自然状况	41.0	0.37			
			违规开发利用水域岸线程度	100.0	0.19			
	"水"	水量	最低生态水位满足程度	100.0	0.23	81.1	0.30	
		水质	水质优劣程度	41.0	0.26			
			湖泊营养状态	81.0	0.19			
			底泥污染状态	100.0	0.12			
			水体自净能力	100.0	0.20			
	生物		大型底栖无脊椎动物生物完整性指数	33.6	0.13	42.4	0.20	
			鱼类保有指数	18.6	0.38			
			浮游植物密度	100.0	0.31			
			大型水生植物覆盖度	0	0.18			
	社会服务功能		岸线利用管理指数	100.0	0.46	96.7	0.30	
			公众满意度	94.0	0.54			

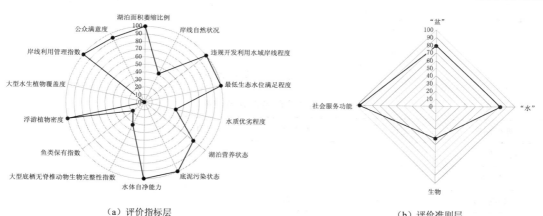

（a）评价指标层　　　　　　　　　　　（b）评价准则层

图 5.3－18　马奶湖 3 区健康评价结果图

表 5.3 - 23　　　　　　　　　　　　　　　　　　**马奶湖 4 区健康评价结果**

目标层	准则层		指 标 层	指标赋分	指标权重	准则层赋分	准则层权重	湖泊健康赋分
马奶湖 4 区健康	"盆"		湖泊面积萎缩比例	100.0	0.44	75.6	0.20	76.0
			岸线自然状况	34.0	0.37			
			违规开发利用水域岸线程度	100.0	0.19			
	"水"	水量	最低生态水位满足程度	100.0	0.23	78.8	0.30	
		水质	水质优劣程度	35.0	0.26			
			湖泊营养状态	63.6	0.19			
			底泥污染状态	100.0	0.12			
			水体自净能力	100.0	0.20			
	生物		大型底栖无脊椎动物生物完整性指数	26.5	0.13	41.5	0.20	
			鱼类保有指数	18.6	0.38			
			浮游植物密度	100.0	0.31			
			大型水生植物覆盖度	0	0.18			
	社会服务功能		岸线利用管理指数	100.0	0.46	96.6	0.30	
			公众满意度	93.7	0.54			

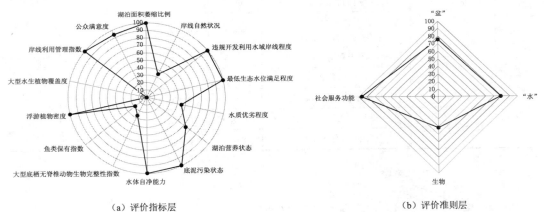

（a）评价指标层　　　　　　　　　　　　（b）评价准则层

图 5.3 - 19　马奶湖 4 区健康评价结果图

表 5.3 - 24　　　　　　　　　　　**马奶湖各分区健康评价结果**

评价湖区	湖区面积/km²	面积占比/%	湖区健康赋分	湖泊健康赋分
马奶湖 1 区	1.07	9.2	80.3	77.6
马奶湖 2 区	2.43	20.8	79.9	
马奶湖 3 区	2.74	23.5	77.5	
马奶湖 4 区	5.42	46.5	76.0	

表 5.3 - 25 　　　　　　　　　　　　　　　马奶湖健康评价结果

目标层	准则层		指　标　层	指标赋分	指标权重	准则层赋分	准则层权重	湖泊健康赋分
马奶湖健康	"盆"		湖泊面积萎缩比例	100	0.44	80.4	0.20	77.6
			岸线自然状况	47	0.37			
			违规开发利用水域岸线程度	100	0.19			
	"水"	水量	最低生态水位满足程度	100	0.23	80.1	0.30	
		水质	水质优劣程度	44	0.26			
			湖泊营养状态	71.9	0.19			
			底泥污染状态	100	0.12			
			水体自净能力	100	0.20			
	生物		大型底栖无脊椎动物生物完整性指数	32.4	0.13	42.3	0.20	
			鱼类保有指数	18.6	0.38			
			浮游植物密度	100	0.31			
			大型水生植物覆盖度	0	0.18			
	社会服务功能		岸线利用管理指数	100	0.46	96.7	0.30	
			公众满意度	93.8	0.54			

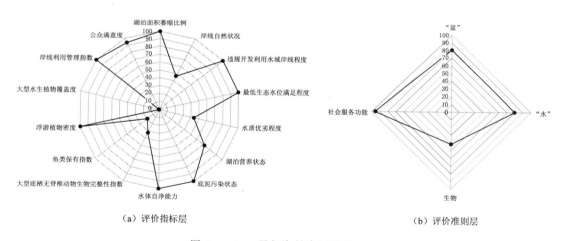

（a）评价指标层　　　　　　　　　　　　　　　　（b）评价准则层

图 5.3 - 20　马奶湖健康评价结果图

5.3.7　哈达图淖

哈达图淖健康评价结果见表 5.3 - 26～表 5.3 - 30。哈达图淖健康赋分为 67.2 分，其中第 1 湖区得分为 68.7 分，第 2 湖区得分为 65.7 分，第 3 湖区得分为 68.3 分。根据河湖健康评价分类标准，哈达图淖健康评价结果为三类湖泊，处于亚健康状态（图 5.3 - 21～图 5.3 - 24）。准则层评价结果总体为：社会服务功能＞"水"＞"盆"＞生物。

（1）"盆"：指标综合赋分为 47.1 分。第 1～3 分区赋分均低于 60 分，处于不健康状态。根据评分结果，岸线自然状况较好，基本不存在违规开发利用情况，保护较好。但通过解译哈达图淖历史遥感影像发现，哈达图淖现状水面面积与 1986 年水面相比萎缩了 56%。造成湖泊面积萎缩较为严重，导致整体得分较低。

（2）"水"：指标赋分为 77.8 分，处于亚健康状态，说明哈达图淖水文的完整性一般。主要影响因素为水质优劣程度和湖泊营养状态，3 个湖区水质类别均为 V 类，第 2 和第 3 湖区湖泊营养指数大于 50，属轻度营养化状态，得分偏低。

表 5.3 - 26　　　　　　　　　　　　哈达图淖 1 区健康评价结果

目标层	准则层		指　标　层	指标赋分	指标权重	准则层赋分	准则层权重	湖泊健康赋分
哈达图淖 1 区健康	"盆"		湖泊面积萎缩比例	0	0.44	51.6	0.20	68.7
			岸线自然状况	88.0	0.37			
			违规开发利用水域岸线程度	100.0	0.19			
	"水"	水量	最低生态水位满足程度	100.0	0.23	79.0	0.30	
		水质	水质优劣程度	46.0	0.26			
			湖泊营养状态	63.5	0.19			
			底泥污染状态	100.0	0.12			
			水体自净能力	100.0	0.20			
	生物		大型底栖无脊椎动物生物完整性指数	35.6	0.13	40.5	0.20	
			鱼类保有指数	12.9	0.38			
			浮游植物密度	100.0	0.31			
			大型水生植物覆盖度	0.0	0.18			
	社会服务功能		岸线利用管理指数	100.0	0.46	88.6	0.30	
			公众满意度	78.9	0.54			

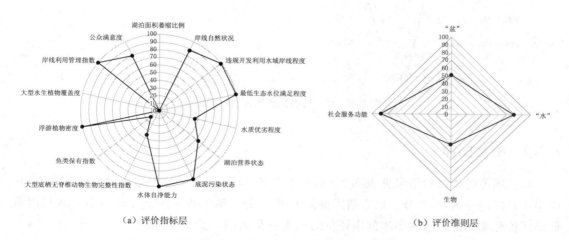

（a）评价指标层　　　　　　　　　　　　　　（b）评价准则层

图 5.3 - 21　哈达图淖 1 区健康评价结果图

（3）生物：指标赋分最低为 41.4 分。大型水生植物覆盖度、鱼类保有量较低和大型底栖无脊椎动物完整性指数均较差，第 1 湖区和第 2 湖区未见大型水生植物，第 3 湖区大型水生植物覆盖度仅 5%，鱼类仅 4 种，大型底栖无脊椎动物仅 6 种。

（4）社会服务功能：指标综合赋分为 87.0 分。各湖区赋分均高于 92 分，哈达图淖岸线利用管理指数较好，但对比其他湖泊整体满意度较低，说明社会服务功能可持续性一般，尚有可提升空间。

表 5.3－27　　　　　　　　　　　　　哈达图淖 2 区健康评价结果

目标层	准则层		指　标　层	指标赋分	指标权重	准则层赋分	准则层权重	湖泊健康赋分
哈达图淖 2 区健康	"盆"		湖泊面积萎缩比例	0	0.44	42.8	0.20	65.7
			岸线自然状况	64.2	0.37			
			违规开发利用水域岸线程度	100.0	0.19			
	"水"	水量	最低生态水位满足程度	100.0	0.23	77.2	0.30	
		水质	水质优劣程度	47.5	0.26			
			湖泊营养状态	51.8	0.19			
			底泥污染状态	100.0	0.12			
			水体自净能力	100.0	0.20			
	生物		大型底栖无脊椎动物生物完整性指数	38.0	0.13	40.8	0.20	
			鱼类保有指数	12.9	0.38			
			浮游植物密度	100.0	0.31			
			大型水生植物覆盖度	0	0.18			
	社会服务功能		岸线利用管理指数	100.0	0.46	86.0	0.30	
			公众满意度	74.1	0.54			

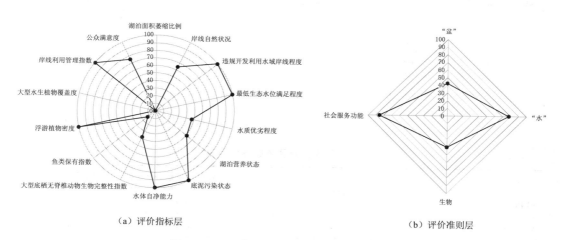

（a）评价指标层　　　　　　　　　　　　　　　（b）评价准则层

图 5.3－22　哈达图 2 区淖健康评价结果图

103

表 5.3 - 28

哈达图淖 3 区健康评价结果

目标层	准则层		指 标 层	指标赋分	指标权重	准则层赋分	准则层权重	湖泊健康赋分
哈达图淖3区健康	"盆"		湖泊面积萎缩比例	0	0.44	50.5	0.20	68.3
			岸线自然状况	85.2	0.37			
			违规开发利用水域岸线程度	100.0	0.19			
	"水"	水量	最低生态水位满足程度	100.0	0.23	77.5	0.30	
		水质	水质优劣程度	47.0	0.26			
			湖泊营养状态	54.1	0.19			
			底泥污染状态	100.0	0.12			
			水体自净能力	100.0	0.20			
	生物		大型底栖无脊椎动物生物完整性指数	46.0	0.13	44.1	0.20	
			鱼类保有指数	12.9	0.38			
			浮游植物密度	100.0	0.31			
			大型水生植物覆盖度	12.5	0.18			
	社会服务功能		岸线利用管理指数	100.0	0.46	87.2	0.30	
			公众满意度	76.3	0.54			

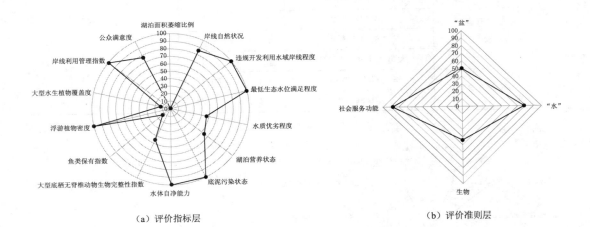

（a）评价指标层　　　　　　　　　（b）评价准则层

图 5.3 - 23　哈达图淖 3 区健康评价结果图

表 5.3 - 29

哈达图淖各分区健康评价结果

评价湖区	湖区面积/km²	面积占比/%	湖区健康赋分	湖泊健康赋分
哈达图淖1区	2.16	31.1	68.7	67.2
哈达图淖2区	3.35	48.3	65.7	
哈达图淖3区	1.43	20.6	68.3	

表 5.3-30 哈达图淖健康评价结果

目标层	准则层		指 标 层	指标赋分	指标权重	准则层赋分	准则层权重	湖泊健康赋分
哈达图淖健康	"盆"		湖泊面积萎缩比例	0.0	0.44	47.1	0.20	67.2
			岸线自然状况	75.9	0.37			
			违规开发利用水域岸线程度	100.0	0.19			
	"水"	水量	最低生态水位满足程度	100.0	0.23	77.8	0.30	
		水质	水质优劣程度	46.9	0.26			
			湖泊营养状态	55.9	0.19			
			底泥污染状态	100.0	0.12			
			水体自净能力	100.0	0.20			
	生物		大型底栖无脊椎动物生物完整性指数	38.9	0.13	41.4	0.20	
			鱼类保有指数	12.9	0.38			
			浮游植物密度	100.0	0.31			
			大型水生植物覆盖度	2.6	0.18			
	社会服务功能		岸线利用管理指数	100.0	0.46	87.0	0.30	
			公众满意度	76.0	0.54			

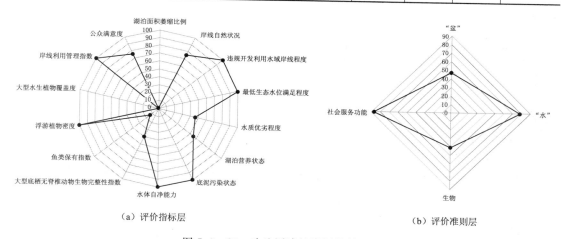

（a）评价指标层 （b）评价准则层

图 5.3-24 哈达图淖健康评价结果图

5.3.8 光明淖

光明淖健康评价结果见表 5.3-31～表 5.3-35。光明淖健康赋分为 73.1 分，其中第 1 湖区得分为 74.2 分，第 2 湖区得分为 72.3 分，第 3 湖区得分为 72.8 分。根据河湖健康评价分类标准，光明淖健康评价结果为三类湖泊，处于亚健康状态（图 5.3-25～图 5.3-28）。准则层评价结果总体为：社会服务功能＞"水"＞"盆"＞生物。

（1）"盆"：指标综合赋分为 72.6 分。第 1～3 分区赋分均低于 75 分，处于亚健康状态。根据评分结果，岸线自然状况较好，基本不存在违规开发利用情况，保护较好。但通过解译光明淖历史遥感影像发现，光明淖现状水面面积与1986年水面相比萎缩了15.3%，导致整体得分稍低。

（2）"水"：指标赋分为79.4分，处于健康状态偏低水平，说明光明淖水文的完整性稍好。主要影响因素为水质优劣程度和湖泊营养状态，3个湖区水质类别均为Ⅴ类，第3湖区湖泊营养指数大于50，属轻度营养化状态。

（3）生物：指标赋分最低为41.5分。主要影响因素是生物指标鱼类保有量较低、大型水生植物覆盖度和大型底栖无脊椎动物完整性指数，鱼类仅2种，大型底栖无脊椎动物仅5种，大型水生植被覆盖度0~20%，第3湖区无水生植物。

表 5.3-31　　　　　　　　　　　　　　光明淖 1 区健康评价结果

目标层	准则层		指 标 层	指标赋分	指标权重	准则层赋分	准则层权重	湖泊健康赋分
光明淖 1 区健康	"盆"		湖泊面积萎缩比例	45.0	0.44	72.5	0.20	74.2
			岸线自然状况	91.2	0.37			
			违规开发利用水域岸线程度	100.0	0.19			
	"水"	水量	最低生态水位满足程度	100.0	0.23	80.1	0.30	
		水质	水质优劣程度	58.5	0.26			
			湖泊营养状态	66.2	0.19			
			底泥污染状态	100.0	0.12			
			水体自净能力	86.7	0.20			
	生物		大型底栖无脊椎动物生物完整性指数	62.6	0.13	45.6	0.20	
			鱼类保有指数	5.7	0.38			
			浮游植物密度	94.5	0.31			
			大型水生植物覆盖度	33.3	0.18			
	社会服务功能		岸线利用管理指数	100.0	0.46	88.4	0.30	
			公众满意度	78.5	0.54			

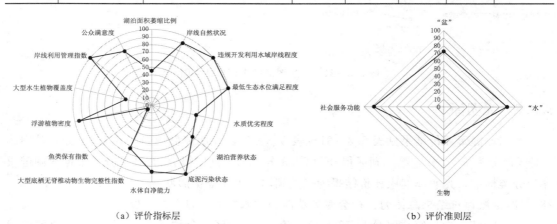

（a）评价指标层　　　　　　　　　　（b）评价准则层

图 5.3-25　光明淖 1 区健康评价结果图

（4）社会服务功能：指标综合赋分为88.0分。各湖区赋分均高于92分，光明淖岸线利用管理指数较好，但相比其他湖泊整体满意度较低，说明社会服务功能可持续性一般，尚有可提升空间。

表 5.3－32 光明淖 2 区健康评价结果

目标层	准则层		指 标 层	指标赋分	指标权重	准则层赋分	准则层权重	湖泊健康赋分
光明淖 2 区健康	"盆"		湖泊面积萎缩比例	45.0	0.44	72.5	0.20	72.3
			岸线自然状况	91.2	0.37			
			违规开发利用水域岸线程度	100.0	0.19			
	"水"	水量	最低生态水位满足程度	100.0	0.23	78.1	0.30	
		水质	水质优劣程度	46.3	0.26			
			湖泊营养状态	63.7	0.19			
			底泥污染状态	100.0	0.12			
			水体自净能力	94.7	0.20			
	生物		大型底栖无脊椎动物生物完整性指数	20.3	0.13	41.0	0.20	
			鱼类保有指数	5.7	0.38			
			浮游植物密度	100.0	0.31			
			大型水生植物覆盖度	29.2	0.18			
	社会服务功能		岸线利用管理指数	100.0	0.46	88.0	0.30	
			公众满意度	76.1	0.54			

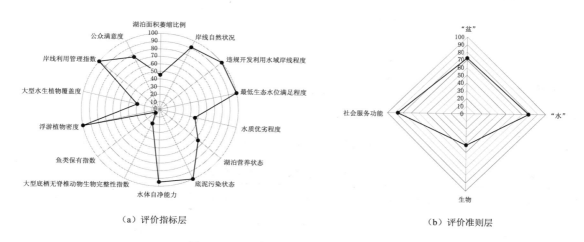

（a）评价指标层 （b）评价准则层

图 5.3－26 光明淖 2 区健康评价结果图

表 5.3 – 33　　　　　　　　　光明淖 3 区健康评价结果

目标层	准则层		指 标 层	指标赋分	指标权重	准则层赋分	准则层权重	湖泊健康赋分
光明淖 3 区健康	"盆"		湖泊面积萎缩比例	45.0	0.44	72.8	0.20	72.8
			岸线自然状况	92.0	0.37			
			违规开发利用水域岸线程度	100.0	0.19			
	"水"	水量	最低生态水位满足程度	100.0	0.23	80.3	0.30	
		水质	水质优劣程度	57.0	0.26			
			湖泊营养状态	58.1	0.19			
			底泥污染状态	100.0	0.12			
			水体自净能力	97.3	0.20			
	生物		大型底栖无脊椎动物生物完整性指数	36.5	0.13	37.8	0.20	
			鱼类保有指数	5.7	0.38			
			浮游植物密度	99.5	0.31			
			大型水生植物覆盖度	0	0.18			
	社会服务功能		岸线利用管理指数	100.0	0.46	88.7	0.30	
			公众满意度	79.1	0.54			

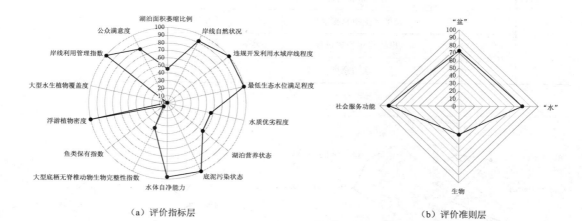

（a）评价指标层　　　　　　　　　　　　　　　　（b）评价准则层

图 5.3 - 27　光明淖 3 区健康评价结果图

表 5.3 - 34　　　　　　　　　光明淖各分区健康评价结果

评价湖区	湖泊面积/km²	面积占比/%	湖区健康赋分	湖泊健康赋分
光明淖 1 区	0.71	32.9	74.2	73.1
光明淖 2 区	0.79	36.6	72.3	
光明淖 3 区	0.66	30.5	72.8	

表 5.3 - 35　　　　　　　　　　　　　光明淖健康评价结果

目标层	准则层		指　标　层	指标赋分	指标权重	准则层赋分	准则层权重	湖泊健康赋分
光明淖健康	"盆"		湖泊面积萎缩比例	45.0	0.44	72.6	0.20	73.1
			岸线自然状况	91.4	0.37			
			违规开发利用水域岸线程度	100.0	0.19			
	"水"	水量	最低生态水位满足程度	100.0	0.23	79.4	0.30	
		水质	水质优劣程度	53.6	0.26			
			湖泊营养状态	62.8	0.19			
			底泥污染状态	100.0	0.12			
			水体自净能力	92.9	0.20			
	生物		大型底栖无脊椎动物生物完整性指数	39.2	0.13	41.5	0.20	
			鱼类保有指数	5.7	0.38			
			浮游植物密度	98.0	0.31			
			大型水生植物覆盖度	21.6	0.18			
	社会服务功能		岸线利用管理指数	100.0	0.46	88.0	0.30	
			公众满意度	77.8	0.54			

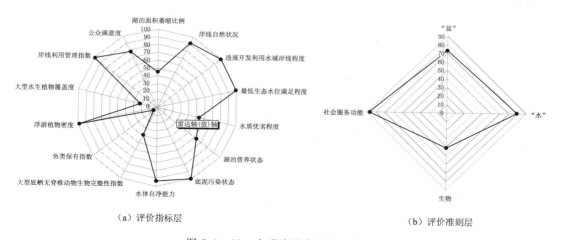

（a）评价指标层　　　　　　　　　　　　　（b）评价准则层

图 5.3 - 28　光明淖健康评价结果图

5.3.9　哈塔兔淖

哈塔兔淖健康评价结果见表 5.3 - 36～表 5.3 - 40。哈塔兔淖健康赋分为 69.3 分，其中第 1 湖区得分为 70.3 分，第 2 湖区得分为 67.3 分，第 3 湖区得分为 69.8 分。根据河湖健康评价分类标准，哈塔兔淖健康评价结果为三类湖泊，处于亚健康状态（图 5.3 - 29～图 5.3 - 32）。准则层评价结果总体为：社会服务功能＞"水"＞"盆"＞生物。

（1）"盆"：指标综合赋分为 51.4 分。第 1～3 分区赋分均低于 60 分，处于不健康状态。根据评分结果，岸线自然状况较好，基本不存在违规开发利用情况，保护较好。但通过解译哈塔兔淖历史遥感影像发现，哈塔兔淖现状水面面积与 1986 年水面相比萎缩了37%，导致整体得分稍低。

（2）"水"：指标赋分为 76.1 分，处于健康状态偏低水平，说明哈塔兔淖水文的完整性稍好。主要影响因素为水质优劣程度和湖泊营养状态，第 1 湖区和第 3 湖区水质类别为Ⅳ类，第 2 湖区水质类别为Ⅴ类，3 个湖区湖泊营养指数均大于 50，属轻度营养化状态。

表 5.3-36 哈塔兔淖 1 区健康评价结果

目标层	准则层	指标层		指标赋分	指标权重	准则层赋分	准则层权重	湖泊健康赋分
哈塔兔淖1区健康	"盆"	湖泊面积萎缩比例		3.0	0.44	53.6	0.20	70.3
		岸线自然状况		90.0	0.37			
		违规开发利用水域岸线程度		100.0	0.19			
	"水"	水量	最低生态水位满足程度	100.0	0.23	78.0	0.30	
		水质	水质优劣程度	60.6	0.26			
			湖泊营养状态	54.7	0.19			
			底泥污染状态	100.0	0.12			
			水体自净能力	84.0	0.20			
	生物	大型底栖无脊椎动物生物完整性指数		35.6	0.13	47.9	0.20	
		鱼类保有指数		18.6	0.38			
		浮游植物密度		100.0	0.31			
		大型水生植物覆盖度		29.2	0.18			
	社会服务功能	岸线利用管理指数		100.0	0.46	88.6	0.30	
		公众满意度		78.9	0.54			

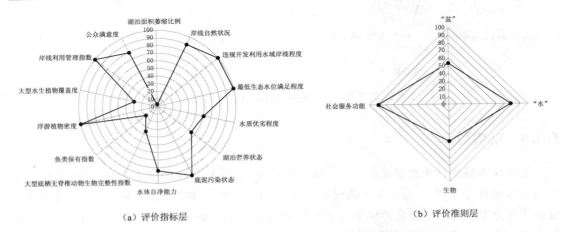

（a）评价指标层　　　　　　　（b）评价准则层

图 5.3-29　哈塔兔淖 1 区健康评价结果图

110

（3）生物：指标赋分最低为 49.7 分。主要影响因素是生物指标鱼类保有量较低、大型水生植物覆盖度和大型底栖无脊椎动物完整性指数，鱼类 5 种，大型底栖无脊椎动物 9 种，大型水生植被覆盖度 15%～35%。

（4）社会服务功能：指标综合赋分为 87.4 分。各湖区赋分均高于 85 分，哈塔兔淖岸线利用管理指数较好，但对比其他湖泊整体满意度较低，说明社会服务功能可持续性一般，尚有可提升空间。

表 5.3－37　　　　　　　　　　哈塔兔淖 2 区健康评价结果

目标层	准则层	指　标　层		指标赋分	指标权重	准则层赋分	准则层权重	湖泊健康赋分
哈塔兔淖2区健康	"盆"	湖泊面积萎缩比例		3.0	0.44	48.8	0.20	67.3
		岸线自然状况		77.0	0.37			
		违规开发利用水域岸线程度		100.0	0.19			
	"水"	水量	最低生态水位满足程度	100.0	0.23	73.1	0.30	
		水质	水质优劣程度	48.5	0.26			
			湖泊营养状态	41.6	0.19			
			底泥污染状态	100.0	0.12			
			水体自净能力	88.0	0.20			
	生物	大型底栖无脊椎动物生物完整性指数		38.0	0.13	49.0	0.20	
		鱼类保有指数		18.6	0.38			
		浮游植物密度		100.0	0.31			
		大型水生植物覆盖度		33.3	0.18			
	社会服务功能	岸线利用管理指数		100.0	0.46	86.0	0.30	
		公众满意度		74.1	0.54			

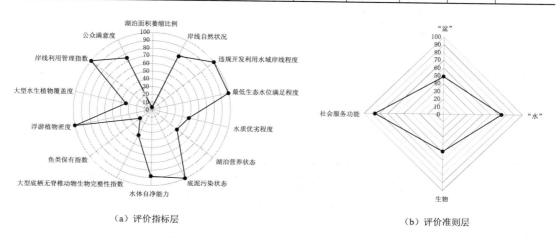

（a）评价指标层　　　　　　　　　　　　　　　　（b）评价准则层

图 5.3－30　哈塔兔淖 2 区健康评价结果图

111

表 5.3－38　　　　　　　　　　哈塔兔淖 3 区健康评价结果

目标层	准则层		指标层	指标赋分	指标权重	准则层赋分	准则层权重	湖泊健康赋分
哈塔兔淖 3 区健康	"盆"		湖泊面积萎缩比例	3.0	0.44	51.2	0.20	69.8
			岸线自然状况	83.4	0.37			
			违规开发利用水域岸线程度	100.0	0.19			
	"水"	水量	最低生态水位满足程度	100.0	0.23	76.4	0.30	
		水质	水质优劣程度	60.0	0.26			
			湖泊营养状态	43.8	0.19			
			底泥污染状态	100.0	0.12			
			水体自净能力	87.3	0.20			
	生物		大型底栖无脊椎动物生物完整性指数	46.0	0.13	52.3	0.20	
			鱼类保有指数	18.6	0.38			
			浮游植物密度	100.0	0.31			
			大型水生植物覆盖度	45.8	0.18			
	社会服务功能		岸线利用管理指数	100.0	0.46	87.2	0.30	
			公众满意度	76.3	0.54			

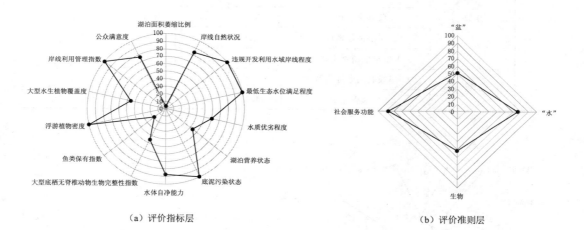

（a）评价指标层　　　　　　　　　　（b）评价准则层

图 5.3－31　哈塔兔淖 3 区健康评价结果图

表 5.3－39　　　　　　　　　　哈塔兔淖各分区健康评价结果

评价湖区	湖区面积/km²	面积占比/%	湖区健康赋分	湖泊健康赋分
哈塔兔淖 1 区	0.63	37.7	70.3	69.3
哈塔兔淖 2 区	0.47	28.2	67.3	
哈塔兔淖 3 区	0.57	34.1	69.8	

表 5.3-40   哈塔兔淖健康评价结果

目标层	准则层		指 标 层	指标赋分	指标权重	准则层赋分	准则层权重	湖泊健康赋分
哈塔兔淖健康	"盆"		湖泊面积萎缩比例	3.0	0.44	51.4	0.20	69.3
			岸线自然状况	84.1	0.37			
			违规开发利用水域岸线程度	100.0	0.19			
	"水"	水量	最低生态水位满足程度	100.0	0.23	76.1	0.30	
		水质	水质优劣程度	57.0	0.26			
			湖泊营养状态	47.3	0.19			
			底泥污染状态	100.0	0.12			
			水体自净能力	86.3	0.20			
	生物		大型底栖无脊椎动物生物完整性指数	39.8	0.13	49.7	0.20	
			鱼类保有指数	18.6	0.38			
			浮游植物密度	100.0	0.31			
			大型水生植物覆盖度	36.0	0.18			
	社会服务功能		岸线利用管理指数	100.0	0.46	87.4	0.30	
			公众满意度	76.7	0.54			

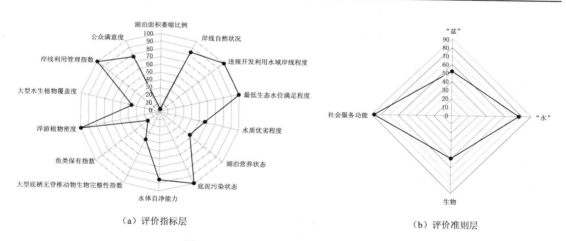

（a）评价指标层   （b）评价准则层

图 5.3-32　哈塔兔淖健康评价结果图

5.3.10　神海子

神海子健康评价结果见表 5.3-41~表 5.3-45。神海子健康赋分为 69.9 分，其中第 1 湖区得分为 70.3 分，第 2 湖区得分为 69.7 分，第 3 湖区得分为 69.5 分。根据河湖健康评价分类标准，神海子健康评价结果为三类湖泊，处于亚健康状态（图 5.3-33~图 5.3-36）。准则层评价结果总体为：社会服务功能＞"水"＞"盆"＞生物。

表 5.3-41

神海子 1 区健康评价结果

目标层	准则层		指 标 层	指标赋分	指标权重	准则层赋分	准则层权重	湖泊健康赋分
神海子 1 区健康	"盆"		湖泊面积萎缩比例	28.0	0.44	59.8	0.20	70.3
			岸线自然状况	77.0	0.37			
			违规开发利用水域岸线程度	100.0	0.19			
	"水"	水量	最低生态水位满足程度	100.0	0.23	77.5	0.30	
		水质	水质优劣程度	39.7	0.26			
			湖泊营养状态	64.5	0.19			
			底泥污染状态	100.0	0.12			
			水体自净能力	99.3	0.20			
	生物		大型底栖无脊椎动物生物完整性指数	85.5	0.13	48.1	0.20	
			鱼类保有指数	0	0.38			
			浮游植物密度	100.0	0.31			
			大型水生植物覆盖度	33.3	0.18			
	社会服务功能		岸线利用管理指数	100.0	0.46	85.0	0.30	
			公众满意度	72.3	0.54			

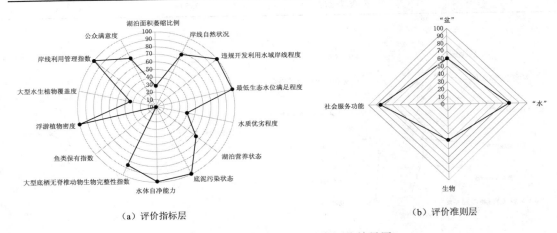

（a）评价指标层 （b）评价准则层

图 5.3-33　神海子 1 区健康评价结果图

（1）"盆"：指标综合赋分为 63.4 分。第 1 湖区赋分低于 60 分，处于不健康状态，第 2 湖区和第 3 湖区赋分大于 60 分，处于亚健康状态。根据调查结果，岸线自然状况较好，基本不存在违规开发利用情况，保护较好。但通过解译神海子历史遥感影像发现，神海子现状水面面积与 1986 年水面相比萎缩了 20.7%，导致整体得分稍低。

（2）"水"：指标赋分为 75.9 分，处于健康状态偏低水平，说明神海子水文的完整性稍好。主要影响因素为水质优劣程度和湖泊营养状态，第 1 湖区和第 2 湖区水质类别为劣 Ⅴ 类，第 3 湖区水质类别为 Ⅴ 类，第 2 湖区和各湖区湖泊营养指数均大于 50，属轻度营养化状态。

（3）生物：指标赋分最低为45.8分。主要影响因素是生物指标鱼类保有量较低和大型水生植物覆盖度，在湖水中无鱼类，大型水生植被覆盖度15%～25%。

（4）社会服务功能：指标综合赋分为84.3分。各湖区赋分介于80～85分，神海子岸线利用管理指数较好，但对比其他湖泊整体满意度较低，说明社会服务功能可持续性一般，尚有可提升空间。

表 5.3-42　　　　　　　　　　　神海子2区健康评价结果

目标层	准则层		指　标　层	指标赋分	指标权重	准则层赋分	准则层权重	湖泊健康赋分
神海子2区健康	"盆"		湖泊面积萎缩比例	28.0	0.44	66.1	0.20	69.7
			岸线自然状况	94.0	0.37			
			违规开发利用水域岸线程度	100.0	0.19			
	"水"	水量	最低生态水位满足程度	100.0	0.23	74.3	0.30	
		水质	水质优劣程度	39.2	0.26			
			湖泊营养状态	56.8	0.19			
			底泥污染状态	100.0	0.12			
			水体自净能力	91.3	0.20			
	生物		大型底栖无脊椎动物生物完整性指数	61.5	0.13	45.4	0.20	
			鱼类保有指数	0	0.38			
			浮游植物密度	98.7	0.31			
			大型水生植物覆盖度	37.5	0.18			
	社会服务功能		岸线利用管理指数	100.0	0.46	83.8	0.30	
			公众满意度	70.1	0.54			

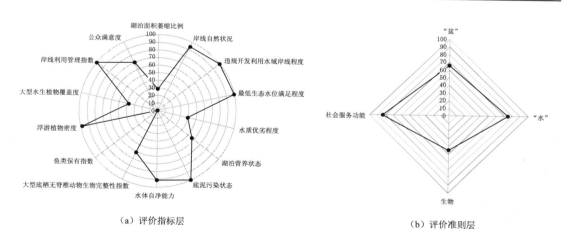

（a）评价指标层　　　　　　　　　　　　（b）评价准则层

图 5.3-34　神海子2区健康评价结果图

表 5.3 - 43 神海子 3 区健康评价结果

目标层	准则层		指 标 层	指标赋分	指标权重	准则层赋分	准则层权重	湖泊健康赋分
神海子 3 区健康	"盆"		湖泊面积萎缩比例	28.0	0.44	65.4	0.20	69.5
			岸线自然状况	92.0	0.37			
			违规开发利用水域岸线程度	100.0	0.19			
	"水"	水量	最低生态水位满足程度	100.0	0.23	75.4	0.30	
		水质	水质优劣程度	44.3	0.26			
			湖泊营养状态	54.4	0.19			
			底泥污染状态	100.0	0.12			
			水体自净能力	92.7	0.20			
	生物		大型底栖无脊椎动物生物完整性指数	52.9	0.13	43.1	0.20	
			鱼类保有指数	0	0.38			
			浮游植物密度	100.0	0.31			
			大型水生植物覆盖度	29.2	0.18			
	社会服务功能		岸线利用管理指数	100.0	0.46	83.8	0.30	
			公众满意度	70.0	0.54			

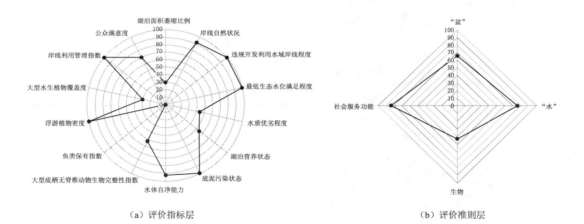

（a）评价指标层　　　　　　　　　　　　（b）评价准则层

图 5.3 - 35　神海子 3 区健康评价结果图

表 5.3 - 44　　　　　　　　　神海子各分区健康评价结果

评价湖区	湖区面积/km²	面积占比/%	湖区健康赋分	湖泊健康赋分
神海子 1 区	1.16	40.4	70.3	69.9
神海子 2 区	0.88	30.7	69.7	
神海子 3 区	0.83	28.9	69.5	

表 5.3－45　　　　　　　　　　　　　　　　　神海子健康评价结果

目标层	准则层		指　标　层	指标赋分	指标权重	准则层赋分	准则层权重	湖泊健康赋分
神海子健康	"盆"		湖泊面积萎缩比例	28.0	0.44	63.4	0.20	69.9
			岸线自然状况	86.6	0.37			
			违规开发利用水域岸线程度	100.0	0.19			
	"水"	水量	最低生态水位满足程度	100.0	0.23	75.9	0.30	
		水质	水质优劣程度	40.9	0.26			
			湖泊营养状态	59.2	0.19			
			底泥污染状态	100.0	0.12			
			水体自净能力	94.9	0.20			
	生物		大型底栖无脊椎动物生物完整性指数	68.7	0.13	45.8	0.20	
			鱼类保有指数	0	0.38			
			浮游植物密度	99.6	0.31			
			大型水生植物覆盖度	33.4	0.18			
	社会服务功能		岸线利用管理指数	100.0	0.46	84.3	0.30	
			公众满意度	71.0	0.54			

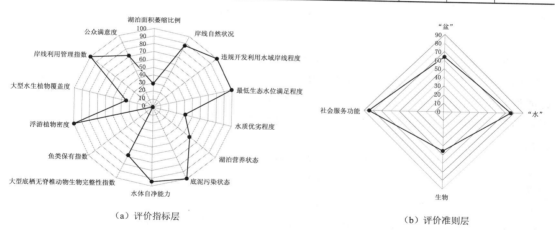

（a）评价指标层　　　　　　　　　　　　　　　　　　（b）评价准则层

图 5.3－36　神海子健康评价结果图

117

第 6 章

问题分析与保护对策

6.1 无定河存在问题及保护对策

无定河健康赋分高于 85 分，处于健康状态。结合《鄂尔多斯市级河湖健康评价》成果，无定河的健康状况较鄂尔多斯境内窟野河、十大孔兑等其他河流相比处于良好状况；且各河段赋分差异也很小，均属于二类河湖，处于健康状态的中游水平。

（1）"盆"：无定河健康状况相较于"水"和社会服务功能稍差。主要影响因素为河流纵向连通指数和岸线自然状况，以及整体河流纵向连通指数较差。无定河是鄂尔多斯境内水量较丰富的河流，属于常年有水河流，水资源开发利用条件较好，河流上修建的多处水库和水电站，导致河流的连通性受到一定影响。此外，因该河流属于沙漠水系，干流基本处于沙漠中心地势较低处，河流接受沙漠地下水补给，河岸基质为沙土，上游岸坡高度较高，自古以来因流量不定、深浅不定、清浊无常，被称为无定之河，上游切割强烈，岸线自然状况稍差。

保护对策与建议：科学配置流域水资源，优化水利工程调度，合理开发利用水资源，保障河流生态用水需求，加强河流的连通性；对已有河道进行清淤和生态修复，尤其是上游河道，岸坡较高且陡，提高岸坡和岸带的植被覆盖度；严格控制针对河岸带的开发和利用，减轻人类活动对河岸带的干扰，逐步恢复河岸缓冲带功能，确保河岸带的自然性与完整性。

（2）"水"：无定河"水"的整体赋分较好，河流水质均较好，各段水质均达到Ⅲ类水质标准，表明水文的完整性较好。体现"水"功能的生态流量/水位满足程度、水体自净能力指标多处于良好状态，存在问题少。

保护对策与建议：无定河干流上的水库、电站等水利工程较多，在水库调度时，优先按照要求保障河流生态流量；在水资源开发利用时，合理考虑天然流量过程，保障河流水质与流量变化过程；无定河主要接受降水和毛乌素沙漠地下水补给，未来需严格按照区域地下水管控指标控制流域内地下水开采量，维持稳定的地下水水位，保证无定河地表水补给；沿河两岸尤其下游灌溉面积较多，有部分水田种植，需大力发展生态农牧业，加快测土配方施肥技术的推广应用，引导农牧民科学施肥，在政策上鼓励有机肥，减少农田化肥氮磷流失；推广高效、低残留农药、生物农药及绿色防控产品，从源头上控制农业面源污染。

（3）生物：无定河生物赋分高于 80 分，表明无定河生物的完整性较好；整体河流大型底栖无脊椎动物完整性指数整体较差，河流栖息地状况受人类活动影响较大。水生植物

118

群落状况较好，水生植物群落较丰富，覆盖度较高。鱼类保有指数鱼类数量较多，上游鱼类较丰富，中下游鱼类丰富度稍差，整体鱼类保有指数较好，水库等建筑物和人类活动对其有影响。

保护对策与建议：加强无定河水生生物多样性的监测管理，建立水体污染指示物种，在以后的工作中，定期开展水生生物监测工作，以便及时掌握无定河的水生生物变化情况，形成水生态预警，保护水体健康不受影响。针对水生生物资源缺失的区域，积极组织开展调研和增殖放流活动，结合河道内隐蔽条件建设，逐步恢复水生生物多样性，改善水域生态环境。

（4）社会服务功能：无定河社会服务功能的赋分在 95 左右，表明社会服务功能的可持续性很好。存在问题少；近年来鄂尔多斯市在无定河防洪、供水、岸线利用管理等方面工作成效显著，自然风光较好，公众满意度较高，赋分均在 92 分以上。

保护对策与建议：强化公众和社会舆论监督，在河道岸边显著位置竖立河长公示牌，接受社会监督。加强人水和谐的宣传工作，使广大民众自觉参与到保护河流的工作中来，提高全社会的水资源保护意识，实现无定河的全面健康发展。

6.2　海流兔河存在问题及保护对策

海流兔河是无定河的一级支流，整体赋分 80.5 分，处于健康状态。第 1 段评分低于 80 分，第 2 段评分高于 80 分，属于二类河湖，处于健康状态的中游水平。

（1）"盆"：海流兔河的健康状况相较于"水"和社会服务功能稍差，处于亚健康水平，主要影响因素为河流纵向连通指数和岸线自然状况，以及整体河流纵向连通指数较差；河流长度较短，但建有团结水库和负家湾水库 2 座水库，导致河流的连通性受到一定影响。河流上游属草原河流，地势较缓但植被覆盖度小于下游，上游岸线自然状况较下游稍差，但整体处于健康状态。

保护对策与建议：优化水库调度，合理开发利用水资源，保障河流生态用水需求，加强河流的连通性；对河道进行河道整治和生态修复，加强坡面水土保持工作，控制水土流失，提高岸坡和岸带的植被覆盖度；按照制定的岸线功能区进行分区管理，强化岸线用途管制和节约利用，严格控制开发利用强度，保持岸线形态，减轻人类活动对河岸带的干扰，逐步恢复河岸缓冲带功能，确保河岸带的自然性与完整性。

（2）"水"：海流兔河"水"的整体赋分较好，河流水质均较好，上游水质达到Ⅲ类水质标准，下游达到Ⅱ类水质标准，水质表明水文的完整性较好。体现"水"功能的生态流量/水位满足程度、水体自净能力指标处于非常健康的状态，存在问题少。

保护对策与建议：在水库调度时，优先考虑保障河流生态流量，在水资源开发利用时，合理考虑天然流量过程，保障河流水质与流量变化过程；沿河两侧农业发达，应大力发展生态农牧业，采用生物、生物制剂防治病虫害，减少化肥和农药使用，从源头上控制农业面源污染。

（3）生物：海流兔河生物赋分低于 60 分，生物完整性较差。整体河流大型底栖无脊椎动物动物完整性指数整体较差，河流栖息地状况受人类活动影响较大。水生植物群落状况较好，水生植物群落较丰富，覆盖度较高。鱼类数量较少，鱼类保有指数较差，赋分仅20分，水库建设、水资源开发利用和人类活动均对其产生影响。

保护对策与建议：加强水生生物多样性的监测管理，定期开展水生生物监测工作，建立水体污染指示物种，形成水生态预警，保护水体健康不受影响。根据海流兔河鱼类原始物种，开展增殖放流，增加鱼类多样性。

（4）社会服务功能：海流兔河社会服务功能的赋分高于90分，表明社会服务功能的可持续性很好。存在问题少；近年来乌审旗河湖管理部门在海流兔河供水、岸线利用管理等方面工作成效显著，公众满意度较高，赋分均在90分以上。

保护对策与建议：提高全社会的水资源保护意识，加强人水和谐的宣传工作，使广大民众自觉参与到保护河流的工作中来，实现海流兔河的全面健康发展。

6.3　纳林河存在问题及保护对策

纳林河是无定河的一级支流，整体赋分81.9分，处于健康状态。2段评分均高于80分，属于二类河湖，处于健康状态的中游水平。

（1）"盆"：纳林河"盆"的健康状况相较于"水"和社会服务功能稍差，主要影响因素为河流纵向连通指数，仅74km的河道上修建了陶利水库、寨子梁水库、排子湾水库3座水库。因河流属于沙漠水系，导致整体河流纵向连通指数较差。

保护对策与建议：优化水库调度，保障河流生态用水需求，合理开发利用水资源，加强河流的连通性；严格控制针对河岸带的开发和利用，减轻人类活动对河岸带的干扰，逐步恢复河岸缓冲带功能，确保河岸带的自然性与完整性。

（2）"水"：纳林河"水"的整体赋分较好，河流水质均较好，各段水质均达到Ⅲ类水质标准，表明水文的完整性较好。体现"水"功能的生态流量/水位满足程度、水体自净能力指标多处于良好状态，存在问题少。

保护对策与建议：在水库调度时，优先按照要求保障河流生态流量；在水资源开发利用时，合理考虑天然流量过程，保障河流水质与流量变化过程；河流两侧耕地大力发展生态农牧业，采用生物、生物制剂防治病虫害，减少化肥和农药使用，从源头上控制农业面源污染，保障纳林河水质良好。

（3）生物：纳林河生物赋分低于60分，生物完整性较差。整体河流大型底栖无脊椎动物动物完整性指数整体较差，河流栖息地状况受人类活动影响较大。下游水生植物群落状况稍差，水生植物群落较丰富，但下游覆盖度低。鱼类数量较少，整体鱼类保有指数较低，指标赋分仅30分，水库等建筑物和人类活动对其有影响。

保护对策与建议：根据纳林河原始鱼类物种，开展增殖放流，增加鱼类多样性。同时加强水生生物多样性的监测管理，建立水体污染指示物种，定期开展水生生物监测工作，以便及时掌握无定河的水生生物变化情况，形成水生态预警，保护水体健康不受影响。

（4）社会服务功能：社会服务功能的赋分高于93分，表明社会服务功能的可持续性很好。存在问题少；近年来乌审旗在纳林河供水、岸线利用管理等方面工作显著，公众满意度较高，赋分均在89分以上。

120

保护对策与建议：持续加强河流岸线管理，提高全社会的水资源保护意识，加强宣传工作，使广大民众自觉参与到保护河流的工作中来，实现毛乌素沙地河流的全面健康发展。

6.4 白河存在问题及保护对策

白河是无定河的一级支流，整体赋分86.4分，处于健康状态的中游水平。

（1）"盆"：白河的"盆"的健康状况相较于"水"和社会服务功能稍差，的主要影响因素为河流纵向连通指数，整体河流纵向连通指数较差，25km河道上修建七一水库、跃进水库、胜利水库3座水库，导致河流的连通性受到一定影响。

保护对策与建议：在水库调度时，优先按照要求保障河流生态流量，加强河流的连通性。

（2）"水"：白河"水"的整体赋分较好，河流水质均较好，水质达到Ⅲ类水质标准，表明水文的完整性较好。体现"水"功能的生态流量/水位满足程度、水体自净能力指标多处于良好状态，存在问题少。

保护对策与建议：在水库调度时，优先按照要求保障河流生态流量；在水资源开发利用时，合理考虑天然流量过程，保障河流水质与流量变化过程；沿河两岸大力发展生态农牧业，采用生物、生物制剂防治病虫害，减少化肥和农药使用，从源头上控制农业面源污染。

（3）生物：白河生物赋分高于80分，表明无定河生物的完整性较好；整体河流大型底栖无脊椎动物动物完整性指数整体较差，低于60分，河流栖息地状况受人类活动影响较大。白河调查有鱼类7种，整体鱼类保有指数较好，但相较无定河还有一定差距，水库等建筑物和人类活动对其有一定影响。

保护对策与建议：加强水生生物多样性的监测管理，建立水体污染指示物种，定期开展水生生物监测工作，密切关注白河的水生生物变化情况，形成水生态预警，保护水体健康不受影响。

（4）社会服务功能：社会服务功能的赋分高于95分，表明社会服务功能的可持续性很好。存在问题少；公众满意度较高，赋分均在93分以上。

保护对策与建议：提高全社会的水资源保护意识，加强人水和谐的宣传工作，使广大民众自觉参与到保护河流的工作中来，实现白河的全面健康发展。

6.5 红碱淖存在问题及保护对策

红碱淖总体评价赋分68.8分，各分区赋分差异不明显，总体属于三类湖泊，处于亚健康状态。从准则层分析红碱淖存在主要问题，准则层总体优劣程度表现为：社会服务功能＞"水"＞"盆"＞生物。

（1）红碱淖"盆"的赋分多在45～60分，表明红碱淖形态结构的完整性总体较差。体现"盆"功能的湖泊面积萎缩比例指标较差，对比1980年，湖面萎缩近34%；岸线自然状况指标赋分多在 73～95 分，植被覆盖度很好；违规开发利用水域岸线程度指标处于良好状态，评价年年初发现的违规开发利用水域岸线中的"四乱"问题已按计划清除。

保护对策与建议：对已有入湖河道、渠道进行清淤和修复，保证流量；建立河湖水系连通，保证补水渠道畅通；严格控制湖岸带的开发和利用，减轻人类活动对湖岸带的人为干扰，逐步恢复湖岸缓冲带功能，确保湖岸带的自然性与完整性；加强湖岸带的保护与治理，阻控外源污染，防止湖岸带水土流失，促进湖岸稳定。

（2）红碱淖"水"的赋分在 65～75 分，表明红碱淖水文的完整性一般。体现"水"功能的最低生态水位满足程度、底泥污染状态、水体自净能力指标均处于良好状态，存在问题少；水质优劣程度指标赋分均低于 20～40 分，水质类别为劣 V 类水，水体存在污染；湖泊营养状态指标较差，赋分在 60～75 分，存在一定的富营养化，与红碱淖水质较差相关。

保护对策与建议：目前，红碱淖水质 pH 值偏高，未来应保障红碱淖尔入湖河流的通畅性和入湖流量，保障红碱淖周边地下水位相对稳定，维持红碱淖的补给来源，逐步改善红碱淖水质；红碱淖属于内蒙古与陕西界湖，建议开展省区间联合治理，对沿湖周边地区进行环境综合整治；建议在红碱淖鄂尔多斯段布置水位监测站、关键补水河流设置流量监测站，密切监测入湖流量变化及红碱淖水位变化；在沿湖灌区大力推广节水灌溉新技术和发展生态农业，控制地下水用水量，保证湖泊的地下水补给，从源头消减化肥农药施用量，有效控制农业面源污染。

（3）红碱淖生物的赋分在 40～50 分，表明红碱淖生物的完整性较差。体现生物功能的大型底栖无脊椎动物生物完整性指数、水鸟状况、浮游植物密度指标状况较好，而鱼类保有指数、大型水生植物覆盖度状况均处于差的状态，水体 pH 值较高，不适宜鱼类生存，目前红碱淖渔业资源基本枯竭。大型底栖无脊椎动物生物完整性指数在 60～85，相对较好；鱼类保有指数指标赋分很低，仅为 7.1 分，鱼类非常稀少，与水质和富营养化有很大关系；浮游植物密度指标较好；大型水生植物覆盖度状况指标赋分均在 35 分以下，大型水生植物偏少。

保护对策与建议：目前，红碱淖水质较差，pH 值较高，导致渔业资源基本丧失，鱼种由 20 世纪 80 年代的 14 种减少到目前的 3 种，鱼类保有指数非常低，需通过增加入湖水量，逐步改善水质，营造良好的鱼类生存环境，逐步恢复鱼类保有量；定期开展水生生物监测，及时了解红碱淖的水生生物现状及变化态势，形成水生态预警，保护水体健康不受影响。

（4）红碱淖社会服务功能的赋分在 90～95 分，表明红碱淖社会服务功能的可持续性很好。体现红碱淖社会服务功能的岸线利用管理指数、公众满意度等指标均处于健康状态，存在问题少；公众满意度赋分均在 80～90 分，比较满意。

保护对策与建议：红碱淖鄂尔多斯段周边旅游等设施均已拆除，岸线无开发利用，公众满意度较高，未来工作仍需加强全社会的水资源保护意识，实现人水和谐的宣传工作，使广大民众自觉参与到保护红碱淖的工作中来，早日实现红碱淖的全面健康发展。

6.6 马奶湖存在问题及保护对策

（1）"盆"：马奶湖湖泊形态结构的完整性总体较好。对比 20 世纪 80 年代，湖面未萎缩。但岸线自然状况分值较低，岸坡和安排的植被覆盖率较低，湖岸基质主要为砂质土壤，河岸稳定性较差。

保护对策与建议：对尔力湖沟进行清淤和修复，持续保证入湖水量和哈达图淖、光明淖、哈塔兔淖、神海子 4 个湖泊的连通性；加强湖区周边地下水开发利用监管，维持适宜的地下水位，保证地下水对湖泊的有效补给；严格控制湖岸带的开发和利用，减轻人类活动对湖岸带的人为干扰，逐步恢复湖岸缓冲带功能，确保湖岸带的自然性与完整性；防止湖岸带水土流失，促进湖岸稳定。

（2）"水"：马奶湖水文的完整性一般。体现"水"功能的最低生态水位满足程度、底泥污染状态、水体自净能力指标均处于优秀状态，存在问题少；水质优劣程度指标赋分为 40 分左右，4 个湖区水质满足Ⅴ类水质标准，水体存在污染；湖泊营养状态指标较好，各湖区均属于中等营养状态，赋分在 60～80 分，第 4 湖区赋分低于 65 分，与水质较差相关。

保护对策与建议：目前，整体湖泊水质 pH 值偏高，水质处于Ⅴ类，整体水质较差，未来应保障湖泊入湖河流的通畅性和入湖流量；在沿湖灌溉区域大力推广节水灌溉新技术，控制地下水用水量，保障湖泊周边地下水位相对稳定，维持湖泊的补给来源，逐步改善湖泊水质。大力发展生态农业，从源头削减化肥农药施用量，有效控制农业面源污染。

（3）生物：各湖区生物赋分均低于 45 分，表明毛乌素沙地湖泊的生物完整性较差。体现生物功能的浮游植物密度指标状况较好，而鱼类保有指数、大型水生植物覆盖度状况、大型底栖无脊椎动物生物完整性指数均处于差的状态，水体 pH 值较高，不适宜鱼类生存，通过实地调查，马奶湖中鱼类 5 种，多为自然原生小型鱼类，与水中盐分较高有很大关系。大型底栖无脊椎动物生物完整性指数均低于 50 分，第 4 湖区仅 26.5 分，大型底栖无脊椎动物生物完整性较差，生境不良；在马奶湖中未见大型水生植物，赋分为 0 分。

保护对策与建议：目前，马奶湖水质较差，pH 值较高，导致渔业资源基本丧失，需通过增加入湖水量，逐步改善水质，营造良好的鱼类生存环境，逐步恢复鱼类保有量和大型水生植被生长；定期开展水生生物监测，及时了解湖泊的水生生物现状及变化态势，形成水生态预警，保护水体健康不受影响。

（4）社会服务功能：马奶湖周边自然风光较好，社会服务功能的可持续性很好。马奶湖社会服务功能的岸线利用管理指数、公众满意度等指标均处于健康状态，存在问题少；公众满意度赋分均大于 90 分，比较满意。

保护对策与建议：目前，鄂尔多斯市对河流湖泊岸线进行严格管理，湖泊岸线基本无开发利用，公众满意度较高，未来工作仍需加强宣传工作，提高全社会的水资源保护意识，使广大民众自觉参与到保护湖泊的工作中来，实现毛乌素沙地湖泊的全面健康发展。

6.7 哈达图淖存在问题及保护对策

（1）"盆"：哈达图淖湖泊形态结构的完整性总体较差，体现"盆"功能的湖泊面积萎缩比例指标较差，对比 20 世纪 80 年代，哈达图淖萎缩近 56.5%，萎缩面积超过一半，湖泊面积萎缩比例赋分为 0，导致"盆"健康赋分整体较低。

保护对策与建议：对尔力湖沟进行清淤和修复，持续保证入湖水量和马奶湖、光明淖、哈塔兔淖、神海子 4 湖泊的连通性；加强湖区周边地下水开发利用监管，维持适宜的地下水位，保证地下水对湖泊的有效补给；减轻人类活动对湖岸带的人为干扰，逐步恢复湖岸缓冲带功能，确保湖岸带的自然性与完整性；防止湖岸带水土流失，促进湖岸稳定。

（2）"水"：哈达图淖水文的完整性较好。各湖区赋分高于 75 分，处于健康状态。体现"水"功能的最低生态水位满足程度、底泥污染状态、水体自净能力指标均处于良好状态，存在问题少；水质优劣程度指标赋分为 45 分以上，3 个湖区水质类别为 V 类，水体存在污染；湖泊营养状态指标较差，赋分在 50～60 分，各湖区湖泊营养状态指数在 50 分左右，第 1 湖区低于 50 分，属于重度营养状态，第 2 和第 3 湖区湖泊营养状态指数大于 50分，处于轻度富营养化状态，与湖泊水质较差相关。

保护对策与建议：目前，整体湖泊水质 pH 值偏高，水质处于 V 类，整体水质较差，未来应保障湖泊入湖河流的通畅性和入湖流量，维持湖泊的补给来源，逐步改善湖泊水质；在沿湖灌区大力推广节水灌溉新技术的同时，控制灌溉面积，控制地下水用水量，保证湖泊的地下水补给。推广生态农牧业，控制农药、化肥的施用，从源头消减化肥农药施用量，有效控制农业面源污染。

（3）生物：各湖区生物赋分均低于 45 分，表明毛乌素沙地湖泊的生物完整性较差。体现生物功能的浮游植物密度指标状况较好，而鱼类保有指数、大型水生植物覆盖度状况、大型底栖无脊椎动物生物完整性指数均处于差的状态，水体 pH 值较高，不适宜鱼类生存，通过实地调查，哈达图淖鱼类仅 4 种，且 3 种为投放鱼类，鱼类存活率不高，主要与水中盐分较高有很大关系。大型底栖无脊椎动物生物完整性指数均低于 50 分，第 1 和第 2 湖区低于 40 分，大型底栖无脊椎动物生物完整性较差，生境不良；在哈达图淖第 1和第 2 湖区中未见大型水生植物，第 3 湖区仅发现芦苇 1 种植被，植被覆盖度仅 5%。

保护对策与建议：目前，哈达图淖湖泊水质较差，pH 值较高，导致渔业资源基本丧失，鱼类保有指数非常低，需通过增加入湖水量，逐步改善水质，营造良好的鱼类和水生植物生存环境，逐步恢复鱼类保有量和植被生长；定期开展水生生物监测，及时了解湖泊的水生生物现状及变化态势，形成水生态预警，保护水体健康不受影响。

（4）社会服务功能：哈达图淖周边自然风光较马奶湖相比稍差，社会服务功能的可持续性较好。哈达图淖社会服务功能的岸线利用管理指数、公众满意度等指标均处于健康状态，存在问题少；公众满意度赋分均在 75 分左右，满意度稍差。

保护对策与建议：目前，鄂尔多斯市对河流湖泊岸线进行严格管理，湖泊岸线基本无开发利用，公众满意度较高，未来工作仍需加强宣传工作，提高全社会的水资源保护意识，使广大民众自觉参与到保护湖泊的工作中来，实现毛乌素沙地湖泊的全面健康发展。

6.8 光明淖存在问题及保护对策

（1）"盆"：光明淖湖泊形态结构的完整性总体较差，体现"盆"功能的湖泊面积萎缩比例指标较差，对比 20 世纪 80 年代，光明淖萎缩面积 15%，湖泊面积萎缩比例赋分 45 分，导致"盆"健康赋分整体较低。

保护对策与建议：对尔力湖沟进行清淤和修复，持续保证入湖水量和马奶湖、哈达图淖、哈塔兔淖、神海子 4 个湖泊的连通性；加强湖区周边地下水开发利用监管，维持适宜的地下水位，保证地下水对湖泊的有效补给；严格控制湖岸带的开发和利用，减轻人类活动对湖岸带的人为干扰，逐步恢复湖岸缓冲带功能，确保湖岸带的自然性与完整性；加强湖岸带的保护与治理，阻控外源污染，防止湖岸带水土流失，促进湖岸稳定。

（2）"水"：光明淖水文的完整性较好。各湖区赋分高于 75 分，处于健康状态。体现"水"功能的最低生态水位满足程度、底泥污染状态、水体自净能力指标均处于良好状态，存在问题少；水质优劣程度指标赋分 45～60 分，3 个湖区水质类别为 V 类，水体存在污染；湖泊营养状态指标较差，赋分在 50～70 分，各湖区湖泊营养状态指数在 50 分左右，第 1 湖区和第 2 湖区赋分低于 50 分，属于重度营养状态，第 3 湖区湖泊营养状态指数大于 50 分，处于轻度富营养化状态，与湖泊水质较差相关。

保护对策与建议：针对光明淖水质现状特征，除加强对沿湖周边地区进行环境综合整治外，建议在光明淖开展定期水质监测工作，在沿湖灌区大力推广节水灌溉新技术，保证湖泊的地下水补给；发展生态农业，从源头消减化肥农药施用量，有效控制农业面源污染，努力改善水体水质。

（3）生物：各湖区生物赋分均介于 35～46 分，表明毛乌素沙地湖泊的生物完整性较差。体现生物功能的浮游植物密度指标状况较好，而鱼类保有指数、大型水生植物覆盖度状况、大型底栖无脊椎动物生物完整性指数均处于差的状态，水体 pH 值较高，不适宜鱼类生存，通过实地调查，光明淖鱼类仅 2 种，鱼类数量也较少，主要与水中盐分较高有很大关系。大型底栖无脊椎动物生物完整性指数第 1 湖区高于 60 分，第二湖区仅 20 分，第 3 湖区 36 分，大型底栖无脊椎动物生物完整性较差，生境不良；光明淖种大型水生植物仅芦苇和篦齿眼子菜 2 种，植被覆盖度介于 15%～20%，第 3 湖区未见大型水生植物。

保护对策与建议：目前，光明淖水质较差，pH 值较高，导致渔业资源基本丧失，鱼类保有指数非常低，仅 2 种鱼类，需通过增加入湖水量，逐步改善水质，营造良好的鱼类生存环境，逐步恢复鱼类保有量；定期开展水生生物监测，及时了解湖泊的水生生物现状及变化态势，形成水生态预警，保护水体健康不受影响。

（4）社会服务功能：光明淖周边自然风光较马奶湖相比稍差，社会服务功能的可持续性较好。光明淖社会服务功能的岸线利用管理指数、公众满意度等指标均处于健康状态，存在问题少；公众满意度赋分均为 75～80 分，满意度一般。

保护对策与建议：目前，鄂尔多斯市对河流湖泊岸线进行严格管理，湖泊岸线基本无开发利用，公众满意度较高，未来工作仍需加强宣传工作，提高全社会的水资源保护意识，使广大民众自觉参与到保护湖泊的工作中来，实现毛乌素沙地湖泊的全面健康发展。

6.9 哈塔兔淖存在问题及保护对策

（1）"盆"：哈塔兔淖湖泊形态结构的完整性总体较差，对比 20 世纪 80 年代，哈塔兔淖萎缩面积超过 30%，湖泊面积萎缩比例赋分仅 3 分，导致"盆"健康赋分整体较低。

保护对策与建议：对尔力湖沟进行清淤和修复，持续保证入湖水量和马奶湖、哈达图淖、光明淖、神海子 4 个湖泊的连通性；加强湖区周边地下水开发利用监管，维持适宜的地下水位，保证地下水对湖泊的有效补给；严格控制湖岸带的开发和利用，减轻人类活动对湖岸带的人为干扰，逐步恢复湖岸缓冲带功能，确保湖岸带的自然性与完整性；加强湖岸带的保护与治理，阻控外源污染，防止湖岸带水土流失，促进湖岸稳定。

（2）"水"：哈塔兔淖水文的完整性较好。第 2 湖区"水"赋分低于 75 分，其他 2 个湖区赋分高于 75 分，处于健康状态。体现"水"功能的最低生态水位满足程度、底泥污染状态、水体自净能力指标均处于良好状态，存在问题少；水质优劣程度指标赋分 45～60 分，第 1 湖区和第 3 湖区水质类别为 IV 类，第 2 湖区水质类别为 V 类，水体存在污染；湖泊营养状态指标较差，3 个湖区湖泊营养状态指数均大于 50，处于轻度富营养化状态。

保护对策与建议：目前，整体湖泊水质 pH 值偏高，水质处于 IV～V 类之间，整体水质较差，未来应保障湖泊入湖河流的通畅性和入湖流量，维持湖泊的补给来源，逐步改善湖泊水质；在沿湖灌区大力推广节水灌溉新技术，控制地下水用水量，保障湖泊周边地下水位相对稳定，保证湖泊的地下水补给，持续推进生态农业发展，从源头削减化肥农药施用量，有效控制农业面源污染。

（3）生物：各湖区生物赋分 50 分左右，表明毛乌素沙地湖泊的生物完整性较差。体现生物功能的浮游植物密度指标状况较好，而鱼类保有指数、大型水生植物覆盖度状况、大型底栖无脊椎动物生物完整性指数均处于差的状态，水体 pH 值较高，不适宜鱼类生存，通过实地调查，哈达图淖鱼类仅 5 种，3 种为投放鱼类，鱼类存活率不高，主要与水中盐分较高有很大关系。大型底栖无脊椎动物生物完整性指数均低于 50 分，第 1 湖区和第 2 湖区低于 40 分，大型底栖无脊椎动物生物完整性较差，生境不良；光明淖种大型水生植物仅芦苇 1 种，植被覆盖度介于 15%～35%。

保护对策与建议：目前，光明淖水质较差，导致渔业资源基本丧失，鱼类保有指数较低，需通过增加入湖水量，逐步改善水质，营造良好的水生动物和水生植物生存环境，通过人工增殖放流，逐步恢复鱼类数量；定期开展水生生物监测，及时了解湖泊的水生生物现状及变化态势，形成水生态预警，保护水体健康不受影响。

（4）社会服务功能：哈塔兔淖周边自然风光较马奶湖相比稍差，社会服务功能的可持续性较好。哈塔兔淖社会服务功能的岸线利用管理指数、公众满意度等指标均处于健康状态，存在问题少；公众满意度赋分均在 75 分左右，满意度稍差。

保护对策与建议：目前，鄂尔多斯市对河流湖泊岸线进行严格管理，湖泊岸线基本无开发利用，公众满意度较高，未来工作仍需加强宣传工作，提高全社会的水资源保护意识，使广大民众自觉参与到保护湖泊的工作中来，实现毛乌素沙地湖泊的全面健康发展。

6.10 神海子存在问题及保护对策

（1）"盆"：神海子湖泊形态结构的完整性总体较差。体现"盆"功能的湖泊面积萎缩比例指标较差，相比 20 世纪 80 年代，神海子萎缩面积约 20%，对于"盆"指标中最重要的湖泊面积萎缩比例赋分较低，导致"盆"健康赋分整体较低。

保护对策与建议：对尔力湖沟进行清淤和修复，持续保证入湖水量和马奶湖、哈达图淖、光明淖、哈塔兔淖 4 个湖泊的连通性；加强湖区周边地下水开发利用监管，维持适宜的地下水位，保证地下水对湖泊的有效补给；严格控制湖岸带的开发和利用，减轻人类活动对湖岸带的人为干扰，逐步恢复湖岸缓冲带功能，确保湖岸带的自然性与完整性；加强湖岸带的保护与治理，阻控外源污染，防止湖岸带水土流失，促进湖岸稳定。

（2）"水"：神海子水文的完整性一般。体现"水"功能的最低生态水位满足程度、底泥污染状态、水体自净能力指标均处于良好状态，存在问题少；水质优劣程度指标赋分多在 39～45 分，第 1 湖区和第 2 湖区水质类别为劣 V 类，水体存在污染；湖泊营养状态指标较差，赋分在 50～65 分，第 2 湖区和第 3 湖区湖泊营养状态指数大于 50 分，处于轻度富营养化状态，与湖泊水质较差相关。

保护对策与建议：目前，整体湖泊水质 pH 值偏高，水质 V 类甚至为劣 V 类，整体水质较差，未来应保障湖泊入湖河流的通畅性和入湖流量，保障湖泊周边地下水位相对稳定，维持湖泊的补给来源，逐步改善湖泊水质；在沿湖灌区大力推广节水灌溉新技术和发展生态农业，控制地下水用水量，保证湖泊的地下水补给，从源头消减化肥农药施用量，有效控制农业面源污染。

（3）生物：神海子生物赋分低于 50 分，表明湖泊的生物完整性较差。体现生物功能的浮游植物密度指标状况较好，而鱼类保有指数、大型水生植物覆盖度状况、大型底栖无脊椎动物生物完整性指数均处于差的状态，水体 pH 值较高，不适宜鱼类生存，神海子未观测到鱼类，鱼类保有指数得分为 0 分；与水质盐碱含量高和富营养化有很大关系。大型底栖无脊椎动物生物完整性指数在 50～85 分，相对较好；大型水生植物覆盖度状况指标赋低于 40 分，大型水生植物种类偏少，植被覆盖度也偏低。

保护对策与建议：目前，神海子水质较差，pH 值较高，导致渔业资源基本丧失，需通过增加入湖水量，逐步改善水质，营造良好的鱼类生存环境，逐步恢复鱼类保有量；定期开展水生生物监测，及时了解湖泊的水生生物现状及变化态势，形成水生态预警，保护水体健康不受影响。

（4）社会服务功能：神海子社会服务功能赋分在 80 分以上，表明湖泊的社会服务功能的可持续性较好。体现社会服务功能的岸线利用管理指数、公众满意度等指标均处于健康状态，存在问题少；公众满意度赋分低于 75 分，近年来湖面萎缩，河流连通性变差，水质恶化，公众满意度较低。

保护对策与建议：未来工作仍需加强全社会的水资源保护意识，实现人水和谐的宣传工作，使广大民众自觉参与到保护湖泊的工作中来，提升公众对湖泊的满意度，早日实现神海子的全面健康发展。

参 考 文 献

[1] Smith M J, Kay W R, Edward H D, et al. AusRivAS：using macroinvertebrates to assess ecological condition of rivers in Western Australia [J]. Freshwater Biology, 2019, 27 (22)：41-49.

[2] Balderas E S, Grac C, Berti - Equille L. Potential application of macroinvertebrates indices in bioassessment of Mexican streams [J]. Ecological Indicators, 2016, 61 (FEB. PT. 2)：558-567.

[3] 蔡庆华，唐涛，刘建康. 河流生态学研究中的几个热点问题 [J]. 应用生态学报，2013 (9)：1573-1577.

[4] 常红，杨旭东，任大光. 人类与河流的和谐发展 [J]. 水利科技与经济，2018 (11)：184-186.

[5] 陈静生. 河流水质全球变化研究若干问题 [J]. 环境化学，2012 (12)：43-51.

[6] 陈健，贺霄霞，蔡国宇，等. 基于河湖长制的河湖健康评价工作目标及对策分析 [EB]. 水利部发展研究中心，2021.8-6.

[7] Costanza R, Norton B G, Haskell B D. Ecosystem health：new goals forenvironmental management [J]. Ecosystem Health New Goals for Environmental Management, 2012, 29 (22)：311-329.

[8] 邓梁堃，张翔，高仕春，等. 基于模糊逻辑的河流健康评价与敏感因子识别 [J]. 中国农村水利水电，2022 (4)：100-105.

[9] 董哲仁. 河流健康的内涵 [J]. 中国水利，2005，(4)：15-18.

[10] 董哲仁. 国外河流健康评估技术 [J]. 水利水电技术，2005 (11)：18-22.

[11] 国家环境保护总局，国家质量监督检验检疫总局. 地表水环境质量标准：GB 3838—2002 [S]. 北京：中国标准出版社，2019.

[12] 中华人民共和国水利部. 地表水资源质量评价技术规程：SL 395—2007 [S]. 北京：中国水利水电出版社，2008.

[13] 冯文娟，李海英，徐力刚，等. 河流健康评价：内涵、指标、方法与尺度问题探讨 [J]. 灌溉排水学报，2015，34 (3)：34-39.

[14] 傅春，邓俊鹏，吴远卓. 基于BP神经网络和协调度的河流健康评价 [J]. 长江流域资源与环境，2020，29 (6)：1422-1431.

[15] 高宇婷，高甲荣，顾岚，等. 基于模糊矩阵法的河流健康评价体系 [J]. 水土保持研究，2012，19 (14)：196-199，211.

[16] 高凡，蓝利，黄强. 变化环境下河流健康评价研究进展 [J]. 水利水电科技进展，2017，37 (6)：81-87.

[17] 耿雷华，刘恒，钟华平，等. 健康河流的评价指标和评价标准 [J]. 水利学报，2006 (3)：253-258.

[18] Haubrock Phillip J, Cuthbert Ross N, Haase Peter. Long - term trends and drivers of biological invasion in Central European streams [J]. Science of the Total Environment, 2023, 876 (6)：162817-162832.

[19] 中华人民共和国水利部. 河湖健康评估技术导则：SL/T 793—2020 [S]. 北京：中国水利水电出版社，2020.

[20] 水利部河湖管理司，南京水利科学研究院，中国水利水电科学研究院. 河湖健康评价指南（试行）[R]. 北京：2020.8.

[21] 侯佳明，胡鹏，刘凌，等. 基于模糊可变模型的秦淮河健康评价 [J]. 水生态学杂志，2020，

41 （3）：1－6.

[22] 黄凯，郭怀成，刘永，等. 河岸带生态系统退化机制及其恢复研究进展 [J]. 应用生态学报，2007 （6）：1373－1382.

[23] 黄河勘测规划设计研究院有限公司. 鄂尔多斯市级河流湖泊水域岸线利用规划 [R]. 鄂尔多斯，2020.

[24] 黄河勘测规划设计研究院有限公司. 鄂尔多斯市无定河水生态综合治理规划报告 [R]. 鄂尔多斯，2020.

[25] 黄河勘测规划设计研究院有限公司. 鄂尔多斯市级河湖"一河一策"实施方案（2021—2023 年）[R]. 鄂尔多斯，2021.

[26] 黄河勘测规划设计研究院有限公司. 乌审旗水系连通及供水保障规划 [R]. 鄂尔多斯，2021.

[27] Jang Ha Ra, Md. Mamun, Kwang-Guk An. Ecological River Health Assessments Using Chemical Parameter Model and the Index of Biological Integrity Model [J]. Water, 2019, 11 （9）：1729－1751.

[28] 江善虎，周乐，任立良. 基于生态流量阈值的河流水文健康演变定量归因 [J]. 水科学进展，2021 （3）：356－365.

[29] 鞠茂森，吴宸晖，李贵宝，等. 中国河湖长制管理规范化与标准化进展 [J]. 水利水电科技进展，2023, 43 （1）：1－8, 28.

[30] 李国英. 维持河流健康生命——以黄河为例 [J]. 人民黄河，2005 （11）：5－8, 81.

[31] 李银久，李秋华，焦树林. 基于改进层次分析法、CRITIC 法与复合模糊物元 VIKOR 模型的河流健康评价 [J]. 生态学杂志，2022, 41 （4）：822－832.

[32] 李斌，李先福，唐涛，等. 基于大型底栖动物完整性指数评价深圳茅洲河生态状况 [J]. 水生态学杂志，2021, 42 （5）：62－68.

[33] 李文君，邱林，陈晓楠，等. 基于集对分析与可变模糊集的河流生态健康评价模型 [J]. 水力学报，2011, 42 （7）：775－782.

[34] 刘昌明，刘晓燕. 河流健康理论初探 [J]. 2008, 63 （7）：10.

[35] 刘奇，肖金龙，李明. 国内外河流健康研究综述 [J]. 中国水运（下半月），2021, 21 （11）：86－88.

[36] 刘恒，涂敏. 对国外河流健康问题的初步认识 [J]. 中国水利，2005 （4）：4.

[37] 柳长顺，王建华，蒋云钟，等. 河湖幸福指数——富民之河评价研究 [J]. 中国水利水电科学研究院学报，2021, 19 （5）：441－448.

[38] 栾建国，陈文祥. 河流生态系统的典型特征和服务功能 [J]. 人民长江，2004 （9）：41.

[39] 内蒙古自治区水利水电勘测设计院. 内蒙古自治区鄂尔多斯市乌审旗巴图湾水库除险加固工程初步设计报告 [R]. 鄂尔多斯，2020.

[40] 庞治国，王世岩，胡明罡. 河流生态系统健康评价及展望 [J]. 中国水利水电科学研究院学报，2006 （2）：151－155.

[41] 彭文启. 河湖健康评估指标、标准与方法研究 [J]. 中国水利水电科学研究院学报，2018, 16 （5）：394－404, 416.

[42] 渠晓东，张远，马淑芹，等. 太子河流域大型底栖动物群落结构空间分布特征 [J]. 环境科学研究，2013, 26 （5）：509－515.

[43] Raven P J, Holmes N, And F. Quality assessment using River Habitat Survey data [J]. Aquatic Conservation：Marine and Freshwater Ecosystems, 1998 （8）：477－499.

[44] 山成菊，董增川，樊孔明，等. 组合赋权法在河流健康评价权重计算中的应用 [J]. 河海大学学报（自然科学版），2012, 40 （6）：622－628.

[45] 水利部牧区水利科学研究所. 鄂尔多斯市级河湖"一河一策"实施方案（2024—2026 年）[R]. 鄂尔多斯，2023.

[46] 水利部黄河水利委员会. 红碱淖流域水资源综合规划 [R]. 鄂尔多斯，2014.

[47] 水利部牧区水利科学研究所. 乌审旗 9 条河流健康评价 [R]. 鄂尔多斯，2023.

[48] 水利部牧区水利科学研究所. 乌审旗河湖（白河、巴汗淖）健康评价 [R]. 鄂尔多斯，2021.

[49] 水利部牧区水利科学研究所. 伊金霍洛旗牸牛川、束会川、呼和乌素沟、东红海子、哈达图淖、马奶湖、札萨克河健康评价 [R]. 鄂尔多斯，2022.

[50] 水利部牧区水利科学研究所. 伊金霍洛旗 2023 年河湖健康评价 [J]. 鄂尔多斯，2023.

[51] 苏辉东，贾仰文，牛存稳，等. 河流健康评价指标与权重分配的统计分析 [J]. 水资源保护，2019，35（6）：138-144.

[52] Vugteveen P，Leuven R，Huijbregts M. Redefinition and Elaboration of River Ecosystem Health：Perspective for River Management [J]. Hydrobiologia，2006，565（1）：289-308.

[53] 孙雪岚，胡春宏. 关于河流健康内涵与评价方法的综合评述 [J]. 泥沙研究，2007（5）：74-81.

[54] 生态环境部，国家市场监督总局. 土壤环境质量农用地土壤污染风险管控标准：GB 15618—2018 [S]. 北京：中国环境出版社，2019.

[55] 王洪翠，周绪申，孟宪智. 基于生态完整性和社会服务功能的岳城水库健康评估 [J]. 环境生态学，2019，1（4）：5.

[56] 王宏伟，张伟，杨丽坤，等. 中国河流健康评价体系 [J]. 河北大学学报（自然科学版），2011，31（6）：668-672.

[57] 王晓刚，王竑，李云，等. 我国河湖健康评价实践与探索 [J]. 中国水利，2021（23）：25-27.

[58] 王备新. 大型底栖无脊椎动物水质生物评价研究 [D]. 南京：南京农业大学，2003.

[59] 文伏波，韩其为，许炯心，等. 河流健康的定义与内涵 [J]. 水科学进展，2007，18（1）：140-150.

[60] 吴阿娜. 河流健康评价：理论、方法与实践 [D]. 上海：华东师范大学，2008.

[61] 吴易雯，李莹杰，张列宇，等. 基于主客观赋权模糊综合评价法的湖泊水生态系统健康评价 [J]. 湖泊科学，2017，29（5）：1091-1102.

[62] 奚雪松，高俊刚，郝媛媛，等. 多维复合空间视角下的黄河生态带构建——以黄河流域内蒙古段为例 [J]. 自然资源学报，2023，38（3）：721-741.

[63] 幸福河研究课题组. 幸福河内涵要义及指标体系探析 [J]. 中国水利，2020（23）：1-4.

[64] 徐宗学，顾晓昀，左德鹏. 从水生态系统健康到河湖健康评价研究 [J]. 中国防汛抗旱，2018，28（8）：17-24.

[65] 赵进勇，董哲仁，孙东亚. 河流生物栖息地评估研究进展 [J]. 科技导报，2008，26（17）：82-88.

[66] 赵银军，魏开湄，丁爱中. 河流功能及其与河流生态系统服务功能对比研究 [J]. 水电能源科学，2013（1）：72-75.

[67] 幸福河研究课题组. 幸福河内涵要义及指标体系探析 [J]. 中国水利，2020（23）：1-4.

[68] 曾雯禹. 基于 AHP-熵权法和物元可拓模型的倭肯河干流健康评价研究 [D]. 哈尔滨：黑龙江大学，2021.

[69] 张倩，李国强，诸葛亦斯，等. 改进的模糊综合评价法在洱海水质评价中的应用 [J]. 中国水利水电科学研究院学报，2019，17（3）：226-232.

[70] Zhang J，Wang H T，Zhao J Y，et al. Analysis of the interactive relationship between meandering river hydraulic characteristics and habitat suitability [C]. IAHR World Congress. Malaysia，2017.

[71] Zhang Y，Ban X，Li E，et al. Evaluating ecological health in the middle-lower reaches of the Han-jiang River with cascade reservoirs using the Planktonic index of biotic integrity（PIBI）[J]. Eco-logical Indicators，2020，114（L327）：106282.

[72] 张炜华，刘华斌，罗火钱. 河流健康评价研究现状与展望 [J]. 水利规划与设计，2021（4）：57-62.

[73] 中国水利水电科学研究院. 鄂尔多斯市"十四五"水安全保障规划 [R]. 鄂尔多斯，2020.

[74] 中国水利水电科学研究院. 鄂尔多斯市级河湖健康评价 [R]. 鄂尔多斯，2022.

[75] 左其亭，郝明辉，马军霞，等. 幸福河的概念、内涵及判断准则 [J]. 人民黄河，2020，42（1）：1-5.